from Beginner
to Master

就业上岗从入门到精通系列

轻松上岗 新手入门 ·······◆ 快速成长 技能精通

园林绿化养护

从入门到精通

李雷 主编

U0387449

化学工业出版社

·北京·

《园林绿化养护从入门到精通》

从事园林绿化的人员学什么呢？作为新手，必须要学：

● 从事园林绿化工作的基础知识。

● 园林绿化工作的业务流程及各个环节的操作步骤、技巧、方法。

首先，要学习完成某项工作所应具备的知识，也就是应知应会的内容。

其次，要切实地学习、掌握各项业务开展的步骤与方法。

最后，当然就是要了解成为熟手，精通各项工作的细节事项、技巧。

《园林绿化养护从入门到精通》一书就是为新手学习提供的一个绝佳途径。

《园林绿化养护从入门到精通》一书首先介绍入门必知的知识——常见园林绿化植物、园林绿化常用工具使用与保养，再详细介绍园林绿化中各项具体的工作——草坪建植与养护、园林树木的养护与管理、园林花卉栽植与养护、水生植物的栽植与养护等的原则、方法、步骤和注意事项。

本书的最大特点是不仅为刚从事园林绿化的人员提供工作指引，更提供园林绿化工作的实际操作步骤、方法、细节、技巧，而且本书提供了大量的图片，更有助于新手们能更快地认识各样植物，掌握各样技能。相信新手们阅后有助于快速地融入企业、快速地进入工作状态、快速地成为园林绿化的高手，也能快速地成为企业重用的人才！

图书在版编目（CIP）数据

园林绿化养护从入门到精通/李雷主编．—北京：化学工业出版社，2015.5（2025.1重印）
（就业上岗从入门到精通系列）
ISBN 978-7-122-23203-8

Ⅰ．①园… Ⅱ．①李… Ⅲ．①园林-绿化 Ⅳ．①S73

中国版本图书馆CIP数据核字（2015）第043703号

责任编辑：陈 蕾 刘 丹　　　　　　　　装帧设计：史利平
责任校对：宋 玮

出版发行：化学工业出版社（北京市东城区青年湖南街13号　邮政编码100011）
印　　装：北京天宇星印刷厂
710mm×1000mm　1/16　印张13　字数245千字　　2025年1月北京第1版第11次印刷

购书咨询：010-64518888（传真：010-64519686）　　售后服务：010-64518899
网　　址：http://www.cip.com.cn
凡购买本书，如有缺损质量问题，本社销售中心负责调换。

定　　价：39.00元

前言
FOREWORD

常言道，"入门容易做好难"。不论做什么，从事什么工作，贵在坚持，持续学习，没有最好，只有更好。这样才有前途，才能实现自己的理想。

对于新手而言，要真正把工作开展起来却不是那么容易。因为书本上的东西有时候在实际工作中根本就用不上！所以，许多新人就茫然起来。其实，这个时候，要更加注重学习！

任何一项工作，并不是人一去做就会，而是有一个过程，一个由不会到会、由会到精通的过程。在这一过程中，必须不断地学习。可以说，学习是职场中人一个永恒的话题，特别是你进入了一家新公司，或者你换了新的岗位，从事一项新的工作，一切都是新的，你在学校里面学的知识，或者是以前的一些经验和技能也许在这个公司不适应，也许一切都要从头再来，所以学习更加必要，而且往往是要从零开始学。作为职场中人，要时刻保持高昂的学习激情，不断地补充知识，提高技能，以适应公司发展，争取获得更多更好的发展机会，为机遇做好准备。

那么学什么呢？作为某一项工作的新手，必须要学：

● 从事该项工作的基础知识；

● 该项工作的业务流程及各个环节的操作步骤、技巧、方法。

首先，要学习完成某项工作所应具备的知识，也就是应知应会的内容。

其次，要切实地学习、掌握各项业务开展的步骤与方法。

最后，当然就是要了解成为熟手，精通各项工作的细节事项、技巧。

"就业上岗从入门到精通系列"就是为新手提供一个绝

佳的学习途径。《园林绿化养护从入门到精通》一书首先介绍入门必知的知识——常见园林绿化植物、园林绿化常用工具使用与保养，再详细介绍园林绿化中各项具体的工作——草坪建植与养护、园林树木的养护与管理、园林花卉栽植与养护、水生植物的栽植与养护等的原则、方法、步骤和注意事项。

本书的最大特点是不仅为刚从事园林绿化的人员提供工作指引，更提供园林绿化工作的实际操作步骤、方法、细节、技巧，而且本书提供了大量的图片，更有助于新手们能更快地认识各样植物，掌握各样技能。相信新手们阅后能快速地融入企业、快速地进入工作状态、快速地成为园林绿化的高手，也能快速地成为企业重用的人才！

本书由李雷主编，在编写整理过程中，获得了许多朋友的帮助和支持，其中参与编写和提供资料的有费秋萍、李建军、孙勇兴、杨冬琼、杨雯、冯飞、陈素娥、匡粉前、刘军、刘婷、刘海江、刘雪花、唐琼、唐晓航、邹凤、陈丽 、吴日荣、吴丽芳、周波、周亮、高锟、李汉东、李春兰、柳景章、王峰、王红、王春华、王高翔、赵建学，最后全书由匡仲潇统稿、审核完成。在此，编者对他们所付出的努力和工作一并表示感谢。同时本书还吸收了国内外有关专家、学者的最新研究成果，在此对他们一并表示感谢。

由于编者水平有限，书中难免出现疏漏，敬请读者批评指正。

编　者

目 录
CONTENTS

第一章 园林绿化的基础知识

园林绿化是为人们提供一个良好的休息、文化娱乐、亲近大自然、满足人们回归自然愿望的场所，是保护生态环境、改善城市生活环境的重要措施。

第二章 草坪建植与养护

俗话说"草坪三分种，要七分管"。草坪一旦建成，为保证草坪的坪用状态与持续利用，要对其进行日常和定期的养护管理。

第三章　园林树木的养护与管理

　　"养护"是指根据不同园林树木的生长需要和某些特定的要求，及时对树木采取如施肥、灌溉、中耕除草、修剪、病虫害防治等园艺技术措施。"管理"是指看管维护、绿地的清扫保洁等园务管理工作。

第四章　园林花卉栽植与养护

花卉是园林植物中的重要组成部分，是园林绿化中美化、香化的重要材料。花卉能够快速形成芳草如茵、花团锦簇、五彩缤纷、荷香拂水等优美的植物景观，给环境带来勃勃生机，产生使人心旷神怡、流连忘返的艺术效果。

第五章　水生植物的栽植与养护

　　水生植物在园林绿化造景中是必不可少的材料。一泓池水清澈见底，令人心旷神怡，但若在池中、水，对水体起净化畔栽数株植物，定会使水景陡然增色。

第一章
园林绿化的基础知识

园林绿化是为人们提供一个良好的休息、文化娱乐、亲近大自然、满足人们回归自然愿望的场所，是保护生态环境、改善城市生活环境的重要措施。

1. 了解常见园林绿化植物，能够清楚地根据花、果实及形状来认清各种园林植物。

2. 熟练地掌握园林绿化养护常用的工具。

第一节 常见园林绿化植物

树木、花卉是园林绿化的植物主体。园林树木是指应用于城市园林绿化的木本植物，包括乔木、灌木、藤木和竹类共四大类。花卉则是指应用于城市园林绿化的具有观赏价值的草本植物，包括一两年生花卉、宿根花卉、球根花卉和水生花卉四类。

一、乔木

乔木是指树身高大的树木，由根部发生独立的主干，树干和树冠有明显区分。有一个直立主干，且高达通常在6米以上的木本植物称为乔木。

（一）银杏（白果树、公孙树）

银杏（白果树、公孙树）属于落叶乔木，树冠广卵形。叶片扇形，有二叉状叶脉，顶端常二裂，秋叶黄色。种子核果状，9～10月成熟（见图1-1）。

（二）日本冷杉

日本冷杉属于常绿乔木，树冠幼时尖塔形，老则广卵状圆锥形。叶条形，枝端成二叉状（见图1-2）。

（三）雪松

雪松属于常绿乔木，树冠圆锥形，树冠及地。叶针形，散生（见图1-3）。

（四）白皮松

白皮松属于常绿乔木，树冠圆头形，树皮淡灰绿色，片状剥落，冬芽卵形，赤褐色。针叶3针一束（见图1-4）。

图1-1　银杏

图1-2　日本冷杉

图1-3　雪松

图1-4　白皮松

（五）黑松

黑松属于常绿乔木，树冠狭圆锥形，老则呈伞状，冬芽圆柱形，银白色。针叶2针一束，粗硬（见图1-5）。

（六）水杉

水杉属于落叶乔木，树冠幼时尖塔形，老则呈广圆头形。叶交互对生，叶基部扭转排成两列，叶片条形，冬季与无芽小枝一起脱落，秋叶红褐色（见图1-6）。

图1-5　黑松

图1-6　水杉

（七）桧柏（圆柏）

桧柏（圆柏）属于常绿乔木，树冠尖塔形，老则呈广卵形，枝叶暗绿。叶二形，刺叶三叶轮生，鳞叶交互对生，生鳞叶小枝方形（见图1-7）。

（八）龙柏

龙柏属于常绿乔木，树冠圆柱形，小枝密，枝叶翠绿。几乎全为鳞叶，偶有刺叶，生鳞叶小枝方形（见图1-8）。

（九）罗汉松

罗汉松属于常绿乔木，树冠广卵形，枝密生。单叶互生，叶片条状披针形，中脉明显。种子核果状，绿色，着生于肉质、红色的种托上，种子8～10月成熟（见图1-9）。

（十）加拿大杨

加拿大杨属于落叶乔木，树冠卵圆形。单叶互生，叶片成三角形（见图1-10）。

图1-7　桧柏

图1-8　龙柏

图1-9　罗汉松

图1-10　加拿大杨的叶和果

（十一）垂柳

垂柳属于落叶乔木，树冠倒广卵形，小枝绿色、细长、下垂。单叶互生，叶片线状披针形（见图1-11）。

（十二）广玉兰（荷花玉兰、洋玉兰）

广玉兰（荷花玉兰、洋玉兰）属于常绿乔木，树冠阔圆锥形。单叶互生，叶片革质，倒卵状长椭圆形，背面有铁锈色短柔毛。花顶生，大型，白色，芳香，花期5～7月（见图1-12）。

图1-11 垂柳 图1-12 广玉兰

（十三）玉兰（白玉兰、望春花）

玉兰（白玉兰、望春花）属于落叶乔木，树冠近球形。单叶互生，叶片卵状长椭圆形。花大，顶生，花被片白色或基部有紫红色，花期3～4月（见图1-13）。

（十四）马褂木（鹅掌楸）

马褂木（鹅掌楸）属于落叶乔木，树冠圆锥状。单叶互生，叶片形似马褂。花单生枝顶，黄绿色，顶端钝或钝尖，具翅的小坚果长约6毫米，具种子1～2颗。花期5月，果期9～10月（见图1-14）。

图1-13 玉兰 图1-14 马褂木

（十五）香樟（樟树）

香樟（樟树）属于常绿乔木，树冠球形，具有细胞，有香气。单叶互生，具三出脉，基部脉腋有腺体（见图1-15）。

（十六）枫香（枫树）

枫香（枫树）属于落叶乔木，树冠卵形，树液芳香。单叶互生，叶片常3裂，秋叶红色。聚花果球形，径约4厘米（见图1-16）。

图1-15　香樟的叶和果

图1-16　枫香的叶和果

（十七）悬铃木（法国梧桐）

悬铃木（法国梧桐）属于落叶乔木，树皮片状剥落，内皮灰白色，幼枝被茸毛。单叶互生，叶片掌状开裂，秋叶红褐色。球形聚花果多为两个一串（见图1-17）。

（十八）桃

桃属于落叶小乔木，侧芽并列，密被灰色茸毛。单叶互生，叶片椭圆状披针形。花单生叶腋，粉红色、红色、白色等，花期3月（见图1-18）。桃的品种有：垂枝桃，枝下垂；寿星桃，节间缩短，植株矮小；紫叶桃，叶紫色。

图1-17　悬铃木

图1-18　盛开的桃花

（十九）梅

梅属于落叶小乔木，叶片卵形、花单生叶腋，梅花有粉红色、红色、绿色、白色等，花期2～3月。梅的品种有：垂枝梅（见图1-19），枝下垂；龙游梅，枝自然扭曲。

（二十）日本樱花

日本樱花属于落叶小乔木，小枝幼时有毛。单叶互生，叶片卵状椭圆形至倒卵形，叶柄顶端有腺体。花3～6朵排成伞房花序，单瓣，浅粉红色，花期3月下旬至4月上旬，先花后叶（见图1-20）。

图1-19　垂枝梅　　　　　　　图1-20　日本樱花

（二十一）日本晚樱

日本晚樱属于蔷薇科樱花属植物，落叶乔木，少数为常绿灌木，树皮呈银灰色，有唇形皮孔，叶片为椭圆状卵形、长椭圆形至倒卵形（见图1-21）。

（二十二）垂丝海棠

垂丝海棠属于落叶小乔木，树冠疏散，枝开展。单叶互生，叶片卵形至长卵形，叶柄、中脉及叶缘常带暗紫红色；花4～7朵簇生，鲜玫瑰红色，花期4月（见图1-22）。

（二十三）合欢

合欢属于落叶乔木，树冠伞形。二回偶数羽状复叶互生，小叶镰刀状，中脉偏于一侧。花序头状，再排成伞房花序，花淡粉红色，花期6～8月（见图1-23）。

（二十四）凤凰木

凤凰木属于落叶乔木，树冠伞形。二回偶数羽状复叶互生。伞房状总状花序腋生，花红色，花期5～8月（见图1-24）。

图1-21　日本晚樱

图1-22　垂丝海棠

图1-23　合欢

图1-24　凤凰木

（二十五）槐树

槐树属于落叶乔木，树冠圆球形，小枝绿色，芽藏于叶柄基部。羽状复叶互生，小叶卵形至卵状披针形。圆锥花序顶生，花浅黄绿色，花期7～8月。荚果串珠状，10月成熟种之一的盘槐（龙爪槐），枝呈下垂状（见图1-25）。

（二十六）刺槐（洋槐）

刺槐（洋槐）属于落叶乔木，枝具托叶刺，羽状复叶的小叶椭圆形，总状花序腋生，花白色，花期5月，荚果扁平（见图1-26）。

图1-25　龙爪槐　　　　　　　　　　　　　　图1-26　刺槐

（二十七）鸡爪槭

鸡爪槭属于落叶小乔木，枝开展，树冠伞形。单叶对生，叶片掌状深裂，秋叶红色。其品种有：红枫，叶片掌状裂几达基部，嫩叶和老叶均红色；羽毛枫，叶片掌状全裂，裂片再羽状深裂；红羽毛枫，除叶红色外，其他与羽毛枫相同（见图1-27）。

（二十八）七叶树

七叶树属于落叶乔木，树冠球形。掌状复叶对生，小叶5～7枚。圆锥花序顶生，花白色，花期5月（见图1-28）。

图1-27　鸡爪槭　　　　　　　　　　　图1-28　七叶树

园林绿化养护从入门到精通

10

（二十九）黄山栾树

黄山栾树属于落叶乔木，树冠近圆球形，树皮黄褐色，小枝稍有棱，无顶芽，皮孔明显。二回奇数羽状复叶互生，幼树叶缘有锯齿，大则全缘。圆锥花序顶生，花黄色，花期9月，果囊状，椭圆形，10～11月成熟（见图1-29）。

（三十）无患子

无患子属于落叶乔木，树冠扁球形，树皮黄褐色，芽叠生。羽状复叶互生，小叶卵状披针形，基部不对称，全缘，秋叶黄色（见图1-30）。

图1-29 黄山栾树

图1-30 无患子

（三十一）杜英

杜英属于常绿乔木，树冠卵球形，树皮深褐色，小枝红褐色。单叶互生，叶片薄革质，倒卵状长椭圆形，绿叶丛中常有少量鲜红老叶（见图1-31）。

（三十二）木棉（攀枝花）

木棉（攀枝花）属于落叶乔木，树干粗大端直，大枝轮生，枝干具圆锥形皮刺。掌状复叶互生，小叶5～7枚，卵状长椭圆形，全缘。花红色，簇生枝端，花期2～3月，先花后叶（见图1-32）。

（三十三）山茶

山茶属于常绿乔木，树冠卵圆形，枝叶密集。单叶互生，叶片革质，卵形，缘有细齿。花单生枝端叶腋，红色。花期3～4月。其栽培品种繁多，花色除红色外，还有粉红色、白色和双色等，花瓣有单瓣、复瓣和重瓣等（见图1-33）。

（三十四）白蜡树

白蜡树属于落叶乔木，树冠卵圆形。羽状复叶对生，小叶5～9枚，小叶卵状椭圆形，基部不对称。圆锥花序，花密集，无花瓣，花期3～5月（见图1-34）。

图1-31 杜英　　　　　　　　　　　图1-32 木棉

图1-33 山茶　　　　　　　　　　　图1-34 白蜡树

（三十五）女贞

女贞属于常绿乔木，枝开展，树冠圆形。叶对生，叶片革质，阔卵形至卵状披针形，全缘。圆锥花序顶生，花白色，花期6～7月。果肾圆形，紫黑色（见图1-35）。

（三十六）桂花

桂花属于常绿小乔木，树皮灰色，芽叠生。叶对生，叶片长椭圆形。花簇生叶腋，芳香，花期9～10月。其品种有：金桂，花黄色；银桂，花近白色；丹桂，花橙色，香味淡；四季桂，花白色或黄色，四季开花（见图1-36）。

图1-35　女贞　　　　　　　　　　　图1-36　桂花

（三十七）鸡蛋花

鸡蛋花属于落叶小乔木，枝粗壮肉质。叶互生，集生枝端，叶片长椭圆形，全缘。聚伞花序顶生，花冠外面白色，内面黄色，芳香，花期5～10月（见图1-37）。

（三十八）泡桐（紫花泡桐）

泡桐（紫花泡桐）属于落叶乔木，树冠宽大圆形，枝干皮孔明显。叶对生或三叶轮生，叶片阔卵形，掌状浅裂。顶生圆锥花序，花紫色，花期4月（见图1-38）。

（三十九）梓树

梓树属于落叶乔木，树冠开展，树皮灰褐色，纵裂。单叶对生或三叶轮生，叶片广卵形，掌状浅裂，背面基部脉腋有紫色腺斑，嫩叶有腺毛。圆锥花序顶生，花淡黄色，花期5月。果细长如筷，长20～30厘米（见图1-39）。

（四十）棕榈

棕榈属于常绿乔木，树干圆柱形。叶簇生干顶，近圆形，掌状深裂，叶柄基部扩大抱茎。圆锥状肉穗花序腋生，花黄色，花期5月。果近球形，10月成熟（见图1-40）。

图1-37 鸡蛋花

图1-38 泡桐

图1-39 梓树

图1-40 棕榈

二、灌木

灌木是指那些没有明显的主干、呈丛生状态比较矮小的木本植物，一般可分为观花、观果、观枝干等几类。

（一）牡丹

牡丹属于落叶灌木，高达2米，二回羽状复叶互生，花单生枝顶，花径10～30厘米，花形、花色丰富，花期4月中旬至5月（见图1-41）。

（二）南天竹

南天竹属于常绿灌木，高达2米，丛生而少分枝，二至三回羽状复叶互生，秋叶红色，花白色，花期5～7月，果球形，红色，果期10月（见图1-42）。

图1-41 牡丹

图1-42 南天竹

（三）含笑（香蕉花）

含笑（香蕉花）属于常绿小乔木，作灌木栽培，单叶互生，花单生叶腋，浅黄色，具香蕉型香味，花期3～5月（见图1-43）。

（四）红花檵木

红花檵木属于半常绿灌木至小乔木，枝密集。单叶互生，叶片卵形，基部不对称亏叶紫红色。花3～8朵簇生，花瓣条形，粉红至紫红色，花期3月下旬至4月（见图1-44）。

（五）腊梅

腊梅属于落叶灌木，枝无顶芽。单叶对生，叶片卵状披针形，叶面粗糙花单生叶腋，黄色，花心紫红色，香味浓，花期12月至次年2月（见图1-45）。其品种之一的素心腊梅，花纯黄色。

（六）火棘

火棘属于常绿灌木至小乔木，枝拱形下垂，短侧枝常呈刺状。单叶互生，叶片倒卵形至倒卵状长椭圆形，先端圆。复伞房花序顶生，花白色，花期5月。果近球形，10月成熟，冬季红果累累（见图1-46）。

图1-43 含笑

图1-44 红花檵木

图1-45 腊梅

图1-46 火棘的叶与果

（七）日本贴梗海棠

日本贴梗海棠属于落叶灌木，枝开展，具刺。单叶互生，叶片倒卵形至椭圆状倒卵形。花砖红色，3～5朵簇生于老枝上，花期3～4月（见图1-47）。

（八）月季花

月季花属于常绿或半常绿灌木，枝具皮刺。羽状复叶互生，小叶多为5枚，少数品种可有7或9枚小叶。聚伞花序顶生（罕单花），春秋两季开花质量最好，其他季节也能开花，花色丰富，花朵大小差异也很大，大者达2厘米，小者仅15厘米（见图1-48）。

（九）紫荆（满条红）

紫荆（满条红）属于落叶灌木至小乔木。单叶互生，叶片阔卵形，基部心形。花紫红色，数朵簇生于老枝上，花期3～4月，先花后叶（见图1-49）。

（十）变叶木

变叶木属于常绿灌木，高1～2米。单叶互生，厚革质，叶片形状和颜色变异多。全株具乳状液体（见图1-50）。

图1-47　日本贴梗海棠

图1-48　月季花

图1-49　紫荆

图1-50　变叶木

（十一）黄杨（瓜子黄杨）

黄杨（瓜子黄杨）属于常绿灌木至小乔木，高达6米，枝四棱。单叶对生，叶片倒卵形（见图1-51）。

（十二）大叶黄杨（正木）

大叶黄杨（正木）属于常绿灌木至小乔木，高可达8米，小枝四棱形。单叶对生，叶片椭圆形，缘有细钝齿。花绿白色，花期5～6月（见图1-52）。其品种有：金边大叶黄杨，叶缘黄色；金心大叶黄杨，中脉周围黄色；银边大叶黄杨，叶缘白色。

图1-51 黄杨的造型盆景

图1-52 大叶黄杨球

（十三）木槿

木槿属于落叶灌木，高3～4米，小枝幼时有毛。叶互生，叶片菱状卵形，端有时3裂。花单生叶腋，花色丰富，单瓣和重瓣均有，花期6～10月（见图1-53）。

（十四）茶梅

茶梅属于常绿灌木，枝开展，嫩枝有粗毛。叶互生，叶片椭圆形，叶缘有细齿，中脉略有毛。花白色或红色，花期12月至次年2月（见图1-54）。

图1-53 木槿

图1-54 茶梅

（十五）金丝桃

金丝桃属于常绿灌木，高1米。叶对生，叶片长椭圆形。花黄色，顶生，雄蕊多数，5束花期6～7月（见图1-55）。

（十六）洒金东瀛珊瑚

洒金东瀛珊瑚属于常绿灌木，高达5米，小枝绿色。单叶对生，叶片椭圆状卵形，质厚，叶面具黄色斑点（见图1-56）。

图1-55　金丝桃　　　　　　　　　　　图1-56　洒金东瀛珊瑚

（十七）八角金盘

八角金盘属于常绿灌木，茎少分枝，直立，高4～5米。单叶互生，叶片大形，掌状7～9裂。伞形花序，花白色，花期9～11月。果球形，翌年5月成熟（见图1-57）。

（十八）杜鹃

杜鹃多为常绿或半常绿灌木，枝密集，单叶互生。花一至数朵生于枝顶，花色有红、粉、白等，花瓣数量有单瓣、套瓣和重瓣之分，花期4～6月。根据花期的差异，分为春鹃和夏鹃，前者花期4～5月，先花后叶，后者花期5～6月，先叶后花。春鹃又根据叶和花的大小，分为大叶大花和小叶小花两类。酸性土植物，不耐涝，稍耐阴（见图1-58）。

（十九）连翘

连翘属于落叶灌木，高3米，枝直立，稍四棱，髓中空，单叶或有时三小叶，对生。花黄色，先花后叶，花期4～5月（见图1-59）。

（二十）金钟花

金钟花属于落叶灌木，高1～2米，枝直立，四棱，髓薄片状。单叶对生，椭圆形，中部以上有粗锯齿。花黄色，先花后叶，花期3～5月（见图1-60）。

图1-57 八角金盘 　　　　　　　　图1-58 杜鹃

图1-59 连翘 　　　　　　　　　　图1-60 金钟花

（二十一）紫丁香

紫丁香属于落叶灌木或小乔木，顶芽常缺，高可达4米。叶对生，叶片广卵形，基部心形，全缘。圆锥花序，花堇色，亦有白花品种，花期4月（见图1-61）。

（二十二）云南黄馨

云南黄馨属于常绿灌木，枝方形，拱形下垂。三出复叶对生。花单生，黄色，花期3～4月（见图1-62）。

（二十三）大花栀子

大花栀子属于常绿灌木，高1～3米。叶对生或三叶轮生。花单生，白色，重瓣，花期5～7月（见图1-63）。

（二十四）龙船花

龙船花属于常绿灌木，高 0.5 ～ 2 米。单叶对生，全缘。顶生伞房状聚伞花序，花红色或橙色，几乎全年开花（见图 1-64）。

（二十五）凤尾兰

凤尾兰属于常绿灌木，少分枝。叶剑形，集生茎顶，质硬。圆锥花序高 1 米，花白色，下垂，花期 5 月和 10 月（见图 1-65）。

图1-61　紫丁香的花与叶

图1-62　云南黄馨

图1-63　大花栀子

图1-64　龙船花

图1-65　凤尾兰

三、藤木

藤木是指植物体径干缠绕或攀附它物而向上生长的木本植物。其适用于各类攀缘绿化。

（一）紫藤

紫藤属于落叶藤木，以茎缠绕攀缘。奇数羽状复叶互生，花期 3 月下旬至 4 月上旬（见图 1-66）。

（二）爬山虎

爬山虎属于落叶藤木，以吸盘攀缘。单叶或三出复叶互生，秋叶红色（见图1-67）。

图1-66　紫藤

图1-67　爬山虎

（三）葡萄

葡萄属于落叶藤木，以卷须攀缘。单叶互生，叶片掌状裂，卷须与叶对生（见图1-68）。

（四）常春藤

常春藤属于常绿藤木，以不定根攀缘。单叶互生，叶片三角状卵形或3裂，果4～5月成熟，黄色（见图1-69）。

（五）九重葛（三角花、叶子花、宝巾）

九重葛（三角花、叶子花、宝巾）属于常绿藤木，以钩刺攀缘。单叶互生，叶片卵形，温度适宜可全年开花（见图1-70）。

图1-68　葡萄

图1-69　常春藤

图1-70　九重葛

🗨 四、竹类

竹类是一类较特殊的木本植物，具根状茎（竹鞭），地上茎节间中空。竹类枝叶秀丽，具有高雅的气质，在造园绿化中具有独特的地位。

（一）刚竹属

刚竹属属于单轴散生型竹，春季出笋，竹秆节间分枝一侧有凹槽，节上分枝2枚，一大一小。绿化中应用的有毛竹（见图1-71）、刚竹、淡竹、早园竹、紫竹等。

（二）孝顺竹

孝顺竹属于合轴丛生型竹，夏季出笋，秆高2～7米，径1～3厘米，秆圆，节上分枝丛生，每小枝有叶5～9枚，排列成2列状。如凤尾竹，高约1～2米，秆径不超过1厘米，每小枝有叶10余枚，羽状排列（见图1-72）。

（三）茶秆竹

茶秆竹属于复轴混生型竹，春季出笋，秆高5～13米，径2～6厘米，节上分枝1～3枚，每小枝有叶2～3枚（见图1-73）。

图1-71 毛竹

图1-72 孝顺竹

图1-73 茶秆竹

🗨 五、花卉

花卉有广义和狭义两种意义：狭义的花卉是指具有观赏价值的草本植物；广义的花卉除有观赏价值的草本植物外，还包括草本或木本的地被植物、花灌木、开花乔木以及盆景等。

（一）鸡冠花

鸡冠花属于一年生草本植物。茎光滑，有棱沟。叶互生，绿色或红色。穗状花序顶生，肉质，花色有红、玫瑰紫、黄橙等（见图1-74）。

（二）一串红

一串红，又称爆仗红、象牙红，为唇形科鼠尾草属植物。属于多年生植物，作一年生栽培。茎四棱，光滑，节常为紫红色。单叶对生。轮伞花序顶生，花色有红、白、粉紫等（见图1-75）。

图1-74　鸡冠花

图1-75　一串红

（三）矮牵牛（碧冬茄）

矮牵牛（碧冬茄）属于多年生植物，作一年生栽培。全株具粘毛，茎直立或倾卧。叶卵形，全缘，上部对生，下部多互生。花单生，花色丰富（见图1-76）。

（四）金盏菊

金盏菊属于两年生植物。全株具毛。叶互生，长圆至长圆状倒卵形，基部稍抱茎。头状花序单生，花色有黄、浅黄、橙等（见图1-77）。

（五）万寿菊（臭芙蓉）

万寿菊（臭芙蓉）属于一年生植物。茎光滑而粗壮，绿色或有棕褐色晕。叶对生，羽状全裂，裂片披针形，具明显的油腺点。头状花序顶生，花色有黄、橙等（见图1-78）。

（六）三色堇

三色堇属于多年生植物，作两年生栽培。全株光滑，茎多分枝，常倾卧地面。叶互生，基生叶圆心形，茎生叶较狭。花单生，通常为黄、白、紫三色，或单色，如纯白、浓黄、紫堇蓝、青古铜色等，或花朵中央具一对比色之"眼"（见图1-79）。

图1-76　矮牵牛

图1-77　金盏菊

图1-78　万寿菊

图1-79　三色堇

（七）半支莲（龙须牡丹、太阳花）

半支莲（龙须牡丹、太阳花）属于一年生植物。茎匍匐或斜升，具束生长毛。叶棍状，肉质。花单生，花色有白、粉、红、黄、橙等（见图1-80）。

（八）长春花

长春花属于多年生植物，作一年生栽培。茎直立。叶对生，长圆形。花单生或数朵簇生，花色有蔷薇红、白等（见图1-81）。

图1-80　半支莲

图1-81　长春花

（九）红叶甜菜

红叶甜菜属于两年生植物。植株莲座状，叶暗紫红色，抽薹开花时茎明显（见图1-82）。

（十）羽衣甘蓝（叶牡丹）

羽衣甘蓝（叶牡丹）属于两年生植物。植株莲座状，叶紧裹呈球状，叶色丰富，有紫红、粉红、白、牙黄、黄绿等，抽薹开花时高可达1米（见图1-83）。

图1-82　红叶甜菜　　　　　　　　　图1-83　羽衣甘蓝

（十一）菊花

菊花属于多年生宿根植物。单叶互生，叶形变化大。花形多，花色丰富，花期10～12月（见图1-84）。

（十二）美人蕉

美人蕉属于多年生宿根植物。地上茎直立而不分枝。叶互生，叶柄鞘状。单歧聚伞花序总状，花色艳丽，花期夏秋（见图1-85）。

图1-84　菊花　　　　　　　　　　　图1-85　美人蕉

（十三）石蒜

石蒜属于多年生鳞茎植物。叶线形，花后抽生。花葶直立，伞形花序有花4～12朵，花期9～10月（见图1-86）。

图1-86　石蒜

（十四）荷花

荷花属于多年生宿根水生植物。根状茎节间膨大，称为藕。叶圆形，盾状着生，挺出水面。花高于叶，径约10～25厘米，花色有红、粉红、白等，花期6～9月（见图1-87）。

（十五）睡莲

多年生块根水生。叶基部心形，叶和花均浮水生，花色有红、白、黄、浅蓝等，花朵白天开放，夜晚闭合，花期6～9月（见图1-88）。

图1-87　荷花

图1-88　睡莲

第二节 园林绿化常用工具使用与保养

一、六齿耙

六齿耙主要用作平整土地，苗床整形，树坛、花坛整形（见图1-89）。

图1-89 六齿耙

（一）六齿耙的组件及作用

六齿耙的组件及作用，具体如表1-1所示。

表1-1 六齿耙的组件及作用

序号	组　件	作　用
1	钉耙	钉耙是六齿耙的主件，主要起松土和整地作用
2	垫樽、楔樽、垫布	垫樽、楔樽、垫布主要起固定钉耙和耙柄的连接作用
3	耙柄	耙柄是六齿耙的重要配件

（二）六齿耙组装

（1）将垫布包住耙柄的未削平的一侧。

（2）将垫樽凹处装入六齿耙的颈部，同时将耙柄的头部垫入钉耙脑的内缘。

（3）将楔樽装入耙柄（削平一侧）和垫樽之间，樽紧即可，装配角度，一般钉耙与耙柄的交角装成70度左右。

（三）六齿耙的使用

使用者在使用六齿耙时，需两脚前后站立，左右手握耙间隔70厘米左右，在拉土整地过程中，六齿耙既能向后拉耙，也能向前推耙。

（四）六齿耙的保养

平时用完六齿耙后，只要将其擦净泥土，保持清洁即可。

特别提示 ▶▶▶

如长期不用，将钉耙部分的内外泥土洗刷干净，干燥后涂抹黄油或机油保管。

二、锄头

锄头主要是用来除草、松土（见图1-90）。

图1-90　锄头

（一）锄头的组件及作用

锄头的组件及作用，具体如表1-2所示。

表1-2　锄头的组件及作用

序号	组件	作　　用
1	锄刀	锄刀是锄头的主件，主要作用是松土、锄草等
2	楔樽	楔樽位于垫樽和锄柄之间，是呈楔形的小木块。它的作用是使樽紧贴锄刀和锄柄、锄刀连接牢固
3	垫樽	垫樽是紧贴锄头的衬垫物，是一个略呈凹形的小木块，它能固定锄刀和锄柄的连接
4	垫布	垫布是紧贴锄脑内缘的垫物，能调节锄刀和锄柄之间的角度
5	锄柄	锄柄是装配锄刀的主要配件，竹柄、木柄均可

（二）锄头的开口

锄头的开口主要是指新锄刀的刀口部分。开口刀刃和砂轮的接触角度通常以3～5度为宜。

（三）锄头的磨刀

锄头在开口后即可磨刀。磨刀时，右手握锄刀的颈部，左手指按在锄刀中间部位，右手将锄刀的颈部稍微抬起，使刀刃和砂石成2～3度交角，然后两手同时用力，前推后拽，不断磨之即可。

（四）锄头组装

（1）将垫布包住锄柄的未削平的一侧。

（2）将垫樘凹处装入锄刀的颈部，同时将锄柄的头部垫入锄刀颈部的内缘。

（3）最后将楔樘装入锄柄（削平一侧）和垫樘之间，樘紧即可。

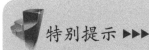

特别提示 ▶▶▶

装配角度，一般锄把与锄柄的交角装成60度左右，当然也可根据使用者的高度确定安装的角度。

（五）锄头的使用

根据草情，可将锄草方式分为两种：一种是"拉锄"；另一种是"斩锄"，如表1-3所示。

表1-3　锄头的使用

序号	类别	具体说明
1	拉锄	拉锄时，两手先将锄头端起向前送出，锄刀下落时，两手略用力，使锄刀落下时顺势把锄头向后拉拽，将草除掉
2	斩锄	斩锄时，锄头下落时要用力，然后往回斩草

（六）锄头的保养

使用后将锄头上的泥土擦净放妥即可。如较长时间不用，保养时应清除泥土，磨好，涂抹黄油或机油挂好，或用塑料薄膜包好收藏。

🗨 三、手锯

手锯用于园林植物定型和整形的大枝修剪，移植植物时的根系修剪（见图1-91）。

图1-91　手锯

（一）手锯的组件及作用

手锯的组件及作用，具体如表1-4所示。

表1-4　手锯的组件及作用

序号	组件	作　　用
1	锯片	锯片是构成手锯的主要附件，锯片上有锯齿，主要用来锯断枝条
2	锯把	锯把与锯片连接，便于人们有效地操作锯片，更好地发挥手锯的作用
3	铆钉	铆钉将锯片、锯把有机连接，起牢固连接作用

（二）锉齿

手锯使用后，齿锋锐减，锉齿能使锯齿恢复锋利。

（1）锉齿时，将锯片的背面置于0.5厘米粗线形的木槽中，或用老虎钳夹紧锯片背面。

（2）将扁锉贴紧锯齿的斜面，来回急速锉磨。

（3）待同方向的齿斜面锉好以后，再把锯片另一齿斜面调转过来，用同样的方法锉磨。

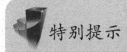 特别提示 ▶▶▶

> 锉过的锯齿应该厚薄一致，大小一致，斜面一致，齿锋锐利。

（三）矫齿

手锯使用后，尤其是使用时间较长或锯截较大枝干后，锯片上的锯齿经磨损往往会产生平直现象，因此必须加以矫正。

矫正时将锯片的背面置于木槽内或用老虎钳夹紧，用矫正器对锯齿一一扳矫，扳矫过的锯齿应达到齿面一致、角度大小一致。

（四）手锯的使用

手锯携带方便，使用灵活，其作用、方法、动作、姿势常因修剪锯截的方法不同而异。在使用手锯时，无论怎样使用，锯片拉拽路线必须直来直去、用力均匀、不偏不倚。

（五）手锯的保养

使用手锯后，及时清除锯齿及锯片上的残留物。如较长时间不用，还应在锯片各部位涂抹黄油，装入塑料袋内，置于干燥处，以防生锈。

四、大草剪

大草剪主要是用于草坪、绿篱、球类和树木造型的修剪（见图1-92）。

图1-92　大草剪

（一）大草剪的组件及作用

大草剪的组件及作用，具体如表1-5所示。

表1-5　大草剪的组件及作用

序号	组件	作　用
1	剪片	剪片是草剪的主要部件之一，由两片形状相同、方向相反的弧形铁片组成。修剪植物主要靠剪片的作用
2	剪把	剪把也称把手，是操作者操作的把手
3	螺丝	螺丝是通过剪片的方形眼孔，把剪片连为一体，并起稳固作用
4	垫圈	垫圈位于螺帽和剪片之间，起缓冲和稳定作用
5	螺帽	螺帽是调节剪片的松紧

（二）磨刀

1.正面

草剪磨刀时，正面应手磨，将剪片正面平放在砂石上，右手握把，左手指揿压在剪片上，前推后拽，反复进行即可。

2.背面

在磨背面时，将剪片背面的斜面紧贴砂石，前推后拽，反复进行，直至磨快磨平为止。

（三）大草剪组装

（1）将螺丝装入下剪片眼孔。

（2）将垫圈套入螺丝底端，使上剪片和下剪片的刃部交叉吻合。

（3）旋上螺帽，并调节松紧度即可。

（四）大草剪的使用

大草剪的使用，具体如图1-93所示。

绿篱修剪	绿篱修剪是指操作者在操作时，人体松弛，自然站立，两脚松开，距离和自己肩宽相仿，腹微收，身体向前倾，两手把握剪把中部，手臂自然前垂，剪片平端。操作时，手腕灵活，动作小，速度快
草坪修剪	草坪修剪是指操作者在操作时两脚开立的姿势有两种，一种是左右开立，另一种是前后开立。操作时，身体下蹲，身体重心前倾，两手把握剪把中部，手臂自然下垂，剪片平端，手臂摆动，在修剪时脚步向前移动
球类修剪	球类修剪的操作动作与姿势和"绿篱修剪"相同，大草剪修球时有正剪法修球和反剪法修

图1-93 大草剪的使用要领

（五）大草剪的保养

大草剪使用后，应很好地进行保养。保养方法是及时磨剪片及磨去磨口部分的树液积垢。如果久放不用，可在剪片和剪刀部涂抹黄油，以防生锈。

五、剪枝剪（弹簧剪）

剪枝剪主要用于修剪、采集插穗等（见图1-94）。

图1-94 弹簧剪

（一）剪枝剪的组件及作用

剪枝剪的组件及作用，具体如表1-6所示。

表1-6　剪枝剪的组件及作用

序号	组　件	作　用
1	剪刀、剪刀垫	剪刀、剪刀垫是剪枝剪的主要组成部分，主要用来剪截枝条
2	螺丝、螺丝帽、垫圈	螺丝、螺丝帽、垫圈主要用来连接剪刀和剪刀垫
3	弹簧	弹簧主要用来打开剪刀垫的张口

（二）开口磨刀

（1）将螺丝帽旋开，然后把螺丝旋开。

（2）磨时把剪刀的外侧面置于平直的细砂上，略加开口即可在细砖上磨刀。

（3）开口磨刀时，右手把握剪把，右手食指和中指轻压内侧面，把外侧面斜面的斜口放在砖石上来回推磨。

（三）剪枝剪的组装

（1）将螺丝装入下剪刀眼孔。

（2）将垫圈套入螺丝底端，使剪刀和剪刀垫的刃部交叉吻合。

（3）旋上螺帽，并调节松紧度即可。

（四）剪枝剪的使用

修剪时用剪枝剪的外侧面贴靠树干面，剪截面平整、不留桩头。在剪截较粗枝条时，可用左手随着剪口的方向推后，即可完成（见图1-95）。

图1-95　剪枝剪的使用

（五）剪枝剪的保养

使用剪枝剪后，应及时清除垢物和泥土，磨好后保管备用。此外，还应经常拆装磨刃，螺丝、螺帽周围涂抹机油，以保证使用时轻便、灵活。

六、手动喷雾器

手动喷雾器是用人力喷洒药液的一种机械，具有结构简单、重量轻、使用方便等特点。适用于温室、盆栽等小面积苗木的病虫害防治（见图1-96）。

图1-96　手动喷雾器

（一）手动喷雾器的组件及作用

手动喷雾器的组件及作用，具体如表1-7所示。

表1-7　手动喷雾器的组件及作用

序号	组件	使　用	备　注
1	药液桶	（1）桶壁标有水柱线，加液时液面不得超过此线； （2）桶的加液线口处设有滤网，用于防止杂物进入桶内，以保证喷头的正常工作	药液桶用薄钢板或塑料做成，外形呈鞍形，适于背负
2	液压泵	液压泵是皮碗式活塞泵，由泵筒、塞杆、皮碗及出水阀、吸水管、空气室等组成	液压泵的作用是按要求开闭，控制进、出管路
3	空气室	空气室减少液压泵排液的不均匀性，使药液获得稳定而均匀的喷射压力，保证喷雾均匀一致	空气室是一个中空的全封闭外壳，设置在出水阀接头的上方
4	喷射部件	喷射部件是喷雾器的主要工作部件，药液的雾化主要靠它来完成	喷射部件主要由套管、喷头、开关和胶管等组成

（二）手动喷雾器的使用

（1）新皮碗使用前应浸入机油或动物油中，浸泡24小时后方可使用。

（2）正确选择喷孔。喷孔具有直径1.3毫米和直径1.6毫米两种喷头片，大孔片流量大、雾点粗，适用于较大植物；小孔片只适于植物幼苗期使用。

（3）背负作业时，应每分钟揿动液压泵杆18～25次。操作时不可过分弯腰，以防止药液溅到身上。在喷射剧毒药液时，操作者应注意安全操作，以防中毒。

第一章　园林绿化的基础知识

35

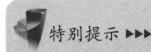

特别提示 ▶▶▶

加药液不能超过桶壁上所示水柱线，以免从泵盖处溢漏，空气室中的药液超过安全水柱线时，应停止揿压泵杆。

（三）手动喷雾器的保养

使用手动喷雾器完后，应及时用清水清洗内部与外壳，然后擦干桶内积水。久放不用，应先用碱水洗，再用清水洗刷、擦干，待干燥后存放。

七、铁铲

铁铲主要用于翻地、挖穴、开沟、起苗、种植、整理地形等（见图1-97）。

图1-97　铁铲

（一）铁铲的组件及作用

铁铲的组件及作用，具体如表1-8所示。

表1-8　铁铲的组件及作用

序号	组件	作用
1	铲	铲是铁铲的主体，园林作业主要靠铲的作用
2	铲柄	铲柄通常是木制的，也有铁制的，主要连接铁铲，便于操作
3	铆钉	铆钉的作用是使铁铲和柄牢固连接

（二）开口磨刀

铁铲开口可在砂轮上进行，开口时，将铁铲背面的铲刃贴紧砂轮均匀摩擦，铲刃和砂轮的交角以3～5度为宜；将铲刃置于砂石上，来回推磨，直至铲刃锋利光滑为止。

（三）铁铲的组装

（1）将已削好的铲柄下端插入铁鞘。

（2）将铁铲朝上，使铲柄紧紧捶入铁鞘，并使两者无活动余地，然后用铆钉铆牢即可。

（四）铁铲的使用

使用时，人体自然站立，微收腹，重心略向前倾；右手把握铲柄支点，左手握住把手，用右脚踏住铲的右肩，用力蹬踏；然后左手将铲柄向后扳拉，右手同时向上，用力翻挖即可。

（五）铁铲的保养

保养分为临时保养和长期保养。

（1）临时保养。只要除净铲上的泥土脏物，磨好擦干，即可继续使用。

（2）长期保养。在铁铲上涂抹黄油或机油，存放在较干燥的地方即可。

八、割灌机

割灌机是园林工作中经常使用的一种园林机械，主要用于林中杂草清除、低矮小灌木的割除和草坪边缘的修剪（见图1-98）。

图1-98　割灌机

下面介绍使用中应注意的几个问题，供使用者参考。

（一）对操作者的要求

（1）操作人员必须经过培训，首次使用前要仔细阅读使用说明书，否则不能使用。

（2）未成年人不能使用割灌机。

（3）喝过酒的人绝对不能使用割灌机。

（4）过度疲劳的人、患病的人、吃过药而影响工作的人，不能使用割灌机。

（5）妇女在月经期不能使用割灌机。

（6）如果连续强烈的操作使用割灌机，一定要特别注意身体，要安排好休息和睡眠。

（二）操作时的劳动保护

（1）要穿紧身的长袖上衣和长裤，为了避免危险不要穿短袖、裙子和工作大衣进行作业。

（2）作业时要戴上工作手套。

（3）作业时要戴好安全工作帽。

（4）为了防止作业时滑倒而造成事故，一定要穿防滑工作鞋。

（5）为了保护眼睛，操作时要戴上防护眼镜。

（6）割灌机在工作时伴有强烈的噪音，为了保护操作者的耳膜，要使用如耳塞等保护用具。

（7）不要穿戴围巾、领带，不要佩戴首饰，长发要扎起保护好，以防被小树杈缠住。

（三）操作前的检查

（1）检查安全装置是否牢固，各部分的螺丝和螺母是否松动，燃油是否漏出。特别是刀片的安装螺丝及齿轮箱的螺丝是否紧固，如有松动应拧紧。

（2）检查工作区域内有无电线、石头、金属物体及妨碍作业的其他杂物。

（3）检查刀片是否有缺口、裂痕，弯曲等现象。

（4）检查刀片有无异常响声，如有要检查刀片是否夹好。

（5）发动的时候，一定要将割灌机离开地面或者有障碍的地方。

（6）启动发动机时，一定要确认周围无闲杂人员。

（7）启动发动机时，一定要确认刀片离开地面的情况下再启动。

（8）温度低时启动应将阻风门打开，热车启动时可不用阻风门。

（9）先慢慢拉出启动绳，直到拉不动为上，待弹回后再快速有力地拉出。

（10）空负荷时应将油门扳至怠速或小油门位置，防止发生飞车现象；工作时应加大油门。

（11）油箱中的油全部用完重新加油时，手动油泵最少压5次后，再重新启动。

（12）不要在室内启动发动机。

（四）技术保养

（1）新出厂的割灌机从开始使用直到第三次灌油期间为磨合期，使用时不要让发动机无载荷高速运转，以免在磨合期间给发动机带来额外负担。

（2）工作期间长时间全负荷作业后，让发动机短时间空转几分钟，让冷却气流带走大部分热量，使驱动装置部件（点火装置、化油器）不至于因为热量积聚带来不良后果。

（3）空气滤清器的保养。将风门调至阻风门位置，以免脏物进入进气管。把泡沫过滤器放置在干净非易燃的清洁液（如热肥皂水）中清洗并晾干。更换毡过滤器，不太脏时可轻轻敲一下或吹一下，但不能清洗毡过滤器。注意，损坏的滤芯必须更换。

（4）火花塞的检查。如果出现发动机功率不足、启动困难或者空转故障时，首先检查火花塞。清洁已被污染的火花塞，检查电极距离，正确距离是0.5毫米，必要时调整。为了避免火花产生和火灾危险，如果火花塞有分开的接头一定要将螺母旋到螺纹上并旋紧，将火花塞插头紧紧压在火花塞上。

（五）割灌机的保管

如果连续3个月以上不使用割灌机，则要按以下方法保管。

（1）在通风处放空汽油箱，并清洁。

（2）放干化油器，否则化油器泵膜会粘住，影响下次启动。

（3）启动发动机，直至发动机自动熄火，以彻底排净燃油系统中的汽油。

（4）彻底清洁整台机器，特别是汽缸散热片和空气滤清器。

（5）润滑割灌机各润滑点。

（6）机器放置在干燥、安全处保管，以防无关人员接触。

（六）安全操作规程

（1）按规定穿工作服，并穿戴相应劳保用品，如头盔、防护眼镜、手套、工作鞋等，还应穿颜色鲜艳的背心。

（2）机器运输中应关闭发动机。

（3）加油前必须关闭发动机。工作中热机无燃油时，应在停机15分钟，发动机冷却后再加油。

（4）不要在使用机器时或在机器附近吸烟，防止产生火灾。

（5）保养与维修时，一定关闭发动机，卸下火花塞高压线。

（6）在作业点周围应设立危险警示牌，以提醒人们注意，无关人员最好远离15米以外，以防抛出来的杂物伤害他们。

（7）注意怠速的调整，应保证松开油门后刀头不能跟着转。

（8）必须先把安全装置装配牢固后再操作。

（9）如碰撞石块、铁丝等硬物，或是刀片受到撞击时，应将发动机熄火。检查刀片是否损伤，如果有异常现象时，不要使用。

（10）加油前必须关掉发动机，发动机热时不能加油，且油料不能溢出。

（11）在高温和寒冷的天气作业时，为了确保安全，不要长时间的连续操作，一定要有充分的休息时间。

（12）雨天为了防止滑倒，不要进行作业；大风天气或大雾等恶劣气候下也不要进行作业。

（13）发动机运转时或在添加燃油时不要吸烟。

（14）添加燃油时，应先将发动机停止冷却后，且在没火的地方进行。

（15）添加燃油时一定不要漏溢，如果漏溢了，应擦拭干净后再加油。

（16）割灌机添加完燃油后，将机器移到其他地方进行发动。

（17）操作时一定尽量避免碰撞石块或树根。

（18）长时间使用操作时，中间应休息，同时检查各个零部件是否松动，特别是刀片部位。

（19）操作中一定要紧握手把，为了保持平衡应适当分开双脚。

（20）操作时就慢慢进行，循序渐进。

（21）工作中要想接近其他人，须在10米以外的地方给信号，然后从正面接近。

（22）操作中断或移动时，一定要先停止发动机，搬动时要使刀片向前方。

（23）搬运或存放机器时，刀片上一定要有保护装置。

（24）使用灌木丛锯片砍伐树时，树桩直径不超过2米。

（25）只能用塑料绳做切割头，不能用钢丝替代塑料绳。

九、草坪割草机

草坪割草机又称除草机、剪草机、草坪修剪机等。割草机是一种用于修剪草坪、植被等的机械工具，正确使用和维护草坪割草机，可延长其使用寿命（见图1-99）。

图1-99　草坪割草机

（一）草坪割草机的组成

它是由刀盘、发动机、行走轮、行走机构、刀片、扶手、控制部分组成。

（二）草坪割草机的分类

草坪割草机的分类，具体如表1-9所示。

表1-9 草坪割草机的分类

序号	分类标准	种　　类	备　注
1	动力	汽油为燃料的发动机式、以电为动力的电动式和无动力静音式	一般常用的为发动机式、自走式、集草袋式、单刀片式、旋刀式机型
2	行走方式	自走式、非自走手推式和座骑式	
3	集草方式	集草袋式和侧排式	
4	刀片数量	单刀片式、双刀片式和组合刀片式	
5	刀片割草方式	滚刀式和旋刀式	

（三）草坪割草机的使用

（1）割草之前，必须先清除割草区域内的杂物。检查发动机的机油面、汽油数量、空气滤清器过滤性能、螺钉的松紧度、刀片的松紧和锋利程度。

（2）冷机状态下启动发动机，应先关闭风门，重压注油器3次以上，将油门开至最大。起动后再适时打开风门。

 特别提示 ▶▶▶

　　割草时，若割草区坡太陡，应顺坡割草；若坡度超过30度，最好不用草坪割草机；若草坪面积太大，草坪割草机连续工作时间最好不要超过4小时。

（四）维护

（1）进行全面清洗，并检查所有的螺钉是否紧固，机油油面是否符合规定，空气滤清器性能是否良好，刀片有无缺损等。

（2）根据草坪割草机的使用年限，加强易损配件的检查或更换。

十、绿篱修剪机

绿篱修剪机的用途是修剪树篱、灌木（见图1-100、图1-101）。

图1-100　绿篱修剪机

图1-101　用绿篱修剪机修剪树篱

（一）绿篱修剪机的使用

（1）使用前一定要认真阅读使用说明书，了解清楚机器的性能以及使用注意事项。

（2）为了避免发生意外事故，请勿用于其他用途。

（3）绿篱修剪机安装的是高速往复运动的切割刀，如果操作有误，是很危险的。在疲劳或不舒服的时候，服用了感冒药或饮酒之后，不能使用绿篱修剪机。

（4）发动机排出的气体里含有对人体有害的一氧化碳。因此，不要在室内、温室内或隧道内等通风不良的地方使用绿篱修剪机。

 特别提示 ▶▶▶

以下几种情况不能使用：脚下较滑，难以保持稳定的作业姿势时；因浓雾或在夜间，对作业现场周围的安全难以确认时；天气不好时（下雨、刮大风、打雷等）。

（5）初次使用时，一定要先请有经验者对绿篱修剪机的用法进行指导，方可开始实际作业。

（6）过度疲劳会使人的注意力降低，从而成为发生事故的原因，所以不要使作业计划过于紧张，每次连续作业时间不能超过30～40分钟，然后要有10～20分钟的休息时间，一天的作业时间应限制在2个小时以内。

（二）使用绿篱修剪机的注意事项

（1）在开始作业前，要先弄清现场的状况（地形、绿篱的性质、障碍物的位置、周围的危险度等），清除可以移动的障碍物。

（2）以作业者为中心、半径15米以内为危险区域，为防他人进入该区域，要用绳索围起来或立标牌以示警告。另外，几个人同时作业时，要不时地互相打招呼，并保持一定间距，保证安全作业。

（3）开始作业之前，要认真检查机体各部件，在确认没有螺丝松动、漏油、损伤或变形等情况后方可开始作业。特别是刀片以及刀片连接部位更要仔细检查。

（4）确认刀片没有崩刃、裂口、弯曲之后方可使用，绝对不可以使用已出现异常的刀片。

（5）请使用研磨好了的锋利刀片。

（6）研磨刀片时，为防止刀刃崩裂，一定要把齿根部锉成弧形。

（7）在拧紧螺丝上好刀片后，要先用手转动刀片检查有无上下摆动或异常声响。如有上下摆动，则可能引起异常振动或刀片固定部分的松动。

第二章
草坪建植与养护

俗话说"草坪三分种，要七分管"。草坪一旦建成，为保证草坪的坪用状态与持续利用，要对其进行日常和定期的养护管理。

学习目标

1.了解草坪的建植技巧，掌握草坪的生长规律及灌溉事项。

2.了解草坪的保养技巧，掌握维护草坪的注意事项。

 草坪建植

一、草种选择

一般来说，草坪草种的选择需要考虑以下六个方面，如表2-1所示。

表2-1 草坪草种的选择依据

序号	依 据	具体说明
1	草坪用途	（1）用于水土保持的草坪，要求草坪草速生，根系发达，能快速覆盖地面，以防止土壤流失，同时还要粗放管理； （2）运动场草坪则要求有低修剪、耐践踏和再生能力强的特点； （3）观赏性草坪则选择质地细腻、色泽明快、绿色期长的草坪草； （4）高尔夫草坪必须选择承受5厘米以下的修剪高度
2	质量要求	质量要求是指一般包括草坪的颜色、质地、均一性、绿色期、高度、密度、耐磨性、耐践踏性和再生力等
3	草种特性	草种特性是指要了解满足建坪质量要求或者草坪使用目的的候选草种
4	环境适应性	（1）气候：抗热、抗寒、抗旱、耐淹、耐荫等性能； （2）土壤：耐瘠薄、耐盐碱、抗酸性等性能
5	对病虫害的抗性	管理者在选择草种时，要考虑其对病虫害的抗性
6	所需养护管理强度、预算等	（1）养护管理包括修剪、灌溉、排水、施肥、杂草控制、病虫害控制、生长调节剂使用、打孔通气、滚压、枯草层处理等许多措施。 （2）管理水平对草坪草种的选择也有很大影响。管理水平包括技术水平、设备条件和经济水平三个方面。例如，抗旱、抗病的狗牙根在管理粗放时外观质量较差，但如果用于建植体育场，在修剪低矮、及时的条件下，可以形成档次较高的草坪。此时，也需要有较高的滚刀式剪草机和管理技术，还需要有足够的经费支持

第二章 草坪建植与养护

45

二、准备营养建坪材料

营养建坪材料必须具备能重新再生形成草坪的能力，包括草皮、单株草坪草和草坪草的一部分（不包括种子）。

（一）草皮

质量良好的草皮均匀一致、无病、虫、杂草，根系发达，在起草皮、运输和铺植操作过程中不会散落，并能在铺植后1～2周内扎根。起草皮时，应该是越薄越好，根和必须的地下器官及所带土壤1.5～2.5厘米为宜。为了避免草皮（特别是冷季型草皮）受热或脱水而造成损伤，起皮后应尽快铺植，一般要求在24～48小时内铺植好（见图2-1～图2-4）。

图2-1　起草皮

图2-2　将草皮捆扎好

图2-3　将草皮装车运输

图2-4　草皮要及时铺植

（二）草块

草块是从草坪或草皮分割成的小的块状草坪。草块上带有一定量的土壤。

（三）枝条和匍匐茎

枝条和匍匐茎是单株植物或者是含有几个节的植株的一部分，节上可以长出新的植株。通常其上带有少量的根和叶片。通常，为了防止草坪草生产的种子对草皮产生污染，在草坪草抽穗期间要以正常高度进行修剪。而后的几个月内不再修剪，以促进匍匐茎的发育。起草皮时带的土越少越好，然后把草皮打碎或切碎得到枝条和匍匐茎。

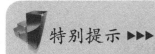

特别提示 ▶▶▶

得到枝条或匍匐茎后应尽可能早栽植，以减少受热和脱水所造成的损伤。如果必须临时储存，应把它们保存在冷、湿环境条件下。

三、对场地进行准备

（一）场地清理

场地清理的工作如表2-2所示。

表2-2　场地清理的工作

序号	清理内容	具体说明
1	树木	树木是指在有树木的场地上，要全部或者有选择地把树和灌丛移走
2	岩石、碎砖瓦块	岩石、碎砖瓦块是指将场地中的岩石、碎砖瓦块等清除掉
3	杂草	（1）使用熏蒸剂或当杂草长到7～8厘米高时施用非选择性、内吸型除草剂。为了使除草剂吸收和向地下器官运输，使用除草剂3～7天后再开始耕作。 （2）除草剂施用后休闲一段时间，有利于控制杂草数量。 （3）通过耕作让植物地下器官暴露在表层，使这些器官干燥脱水，是消灭杂草的好办法。 （4）在杂草根茎量多时，待杂草重新出现后，需要再次使用除草剂。 （5）最好是在夏季进行，否则某些多年生杂草仍会侵入新建草坪，但通常只在局部出现，采用局部处理即可防止大范围蔓延

（二）翻耕

翻耕是为了建植草坪对土壤进行的一系列耕作准备工作。面积大时，可先用机械犁耕，再用圆盘犁耕，最后耙地；面积小时，用旋耕机耕一二次也可达到同样的效果。

耕作时要注意土壤的含水量，土壤过湿会使土壤产生硬坷垃或泥浆；土壤太干会破坏土壤的结构，使土壤成为粉状或高度板结。看土壤水分含量是否适于耕作，可用手紧握一小把土，然后用大拇指使之破碎，如果土块易于破碎，则说明适宜耕作。

（三）整地

整地是按规划设计的地形对坪床进行平整的过程（见图2-5）。因为整地有时要移走大量的土壤，因此在进行营造地形之前最好把表土堆放在一起。整地工作可分为粗整和细整两种情况，具体如表2-3所示。

图2-5　整地

表2-3　整地工作

序号	类别	定　义	具体操作
1	粗整	表土移出后按设计营造地形的整地工作，包括把高处削低、低处填平	（1）每相隔一定距离设置木桩标记，在填土量大的地方，每填30厘米就要镇压，以加速沉实。 （2）适宜的地表排水坡度大约是1%～2%，即直线距离每米降低1～2厘米。 （3）为了防止水渗入地下室，坡度的方向总是要背向房屋。 （4）为了使地面水顺利排出场地中心，体育场草坪应设计成中间高、四周低的地形。 （5）表土重新填上后，地基面必须符合设计地形
2	细整	进一步整平地面种床，同时也可把底肥均匀地施入表层土壤中	（1）在种植面积小、大型设备工作不方便的场地上，常用铁耙人工整地。 （2）为了提高效率，可用人工拖耙耙平。 （3）如果种植面积大，则应用专用机械来完成

（四）进行土壤改良

土壤改良是把改良物质加入土壤中，从而改善土壤理化性质的过程。水分不足、养分贫乏、通气不良等都可以通过土壤改良得到改善。使用最广泛的改良剂是泥炭，因为泥炭轻，施用方便。

 特别提示 ▶▶▶

如稻壳或未腐解锯末，施入土壤中分解时，会吸收土壤的氮素，从而对草坪的生长产生不利影响。

园林绿化养护从入门到精通

多数情况下是移走当地土壤，用专门设计的特殊土壤混合物来取代，而不是进行土壤改良。

（五）安装排灌系统

安装排灌系统一般是在场地粗整之后进行。因为安装排灌系统施工中挖坑、掩埋管道会引起土壤沉实问题。在覆土之后镇压或灌水，使其充分沉实，但填上表土后再安装则会引起较大麻烦。

（六）施肥

施肥是指在土壤养分贫乏和pH值不适时，在种植前有必要施用底肥和土壤改良剂。底肥主要包括磷肥和钾肥，但有时也包括其他中量和微量元素。

四、草坪建植步骤

（一）种子建植

大部分冷季型草只能用种子建植法建坪。暖季型草坪草中，假俭草、斑点雀稗、地毯草、野牛草和普通狗牙根均可用种子建植法来建坪，也可用无性建植法来建植。马尼拉结缕草、杂交狗牙根则一般常用无性繁殖的方法建坪。

1.播种时间

冷季型草适宜的播种时间是初春和晚夏，而暖季型草最好是在春末和早夏之间播种。这主要考虑播种时的温度和播种后2～3个月内的温度状况。

2.播种量

播种所遵循的一般原则是要保证足够量的种子发芽，每平方米出苗应在10000～20000株。

3.播种要求

草坪草播种要求是把大量的种子均匀地散于种床上，并把它们混入表土中。

4.喷播

（1）喷播是一种把草坪草种子加入水流中进行喷射播种的方法。

（2）喷播机上安装有大功率、大出水量单嘴喷射系统，把预先混合均匀的种

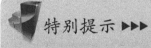

特别提示 ▶▶▶

喷播使种子留在表面，不能与土壤混合和进行滚压，通常需要在上面覆盖植物才能获得满意的效果。当气候干旱，土壤水分蒸发太大、太快时，应及时喷水。

子、黏结剂、覆盖材料、肥料、保湿剂、染色剂和水的浆状物，通过高压喷到土壤表面。

（3）施肥、覆盖与播种一次操作完成，特别适宜陡坡场地如高速公路、堤坝等大面积草坪的建植。

5.植生带

草坪植生带是指草坪草种子均匀固定在两层无纺布或纸布之间形成的草坪建植材料。有时为了适应不同建植环境条件，还加入不同的添加材料，例如保水的纤维材料、保水剂等。要求生产植生带的材料为天然易降解有机材料，如棉纤维、木质纤维、纸等。植生带具有无须专门播种机械、铺植方便、适宜不同坡度地形、种子固定均匀、防止种子冲失、减少水分蒸发等优点。但费用会增加；小粒草坪草种子（例如早熟禾和翦股颖种子）出苗困难；运输过程中可能引起种子脱离和移动，造成出苗不齐；种子播量固定，难以适应不同场合等。

（二）营养体建植

用于建植草坪的营养体繁殖方法包括铺草皮、栽草块、插枝条和匍匐茎。具体如表2-4所示。

表2-4　营养体建植

序号	方　法	具体操作
1	铺草皮	（1）坪床潮而不湿，草皮应尽可能薄，以利于快速扎根，搬运草皮时要小心，不能把草皮撕裂或过分拉长。 （2）把所铺草皮块调整好，使相邻草皮块首尾相接，并轻轻夯实，以便与土壤均匀接触。 （3）当把草皮块铺在斜坡上时，要用木桩固定，等到草坪草充分生根，并能够固定草皮时再移走木桩
2	栽草块	（1）栽植正方形或圆形的草坪块，草坪块的大小约5厘米×5厘米。栽植行间距为30～40厘米，栽植时应注意使草坪块上部与土壤表面齐平。 （2）草皮切成小的草坪草束，按一定的间隔尺寸栽植。 （3）机械直栽法是采用带有正方形刀片的旋筒把草皮切成草坪草束。 （4）多匍匐茎的草坪束，把草坪束撒在坪床上，经过滚压使草坪束与土壤紧密接触，使坪面平整
3	插枝条	（1）把枝条种在条沟中，相距15～30厘米，深5～7厘米，每根枝条要有2～4个节，栽植过程中，要在条沟填土后使一部分枝条露出土壤表层。 （2）插入枝条后要立刻滚压和灌溉，以加速草坪草的恢复和生长。 （3）直接把枝条放在土壤表面，然后用扁棍把枝条插入土壤中
4	匍茎法	（1）用人工或机械把打碎的匍匐茎均匀地撒到坪床上，然后覆土。 （2）用圆盘犁轻轻耙过，使匍茎部分插入土壤中。 （3）轻轻滚压后立即喷水，保持湿润，直至匍茎扎根

（三）覆盖

覆盖是为了减少土壤和种子冲蚀，为种子发芽和幼苗生长提供一个更为有利的微环境条件，而把外来物覆盖在坪床上的一种措施。一般常用的覆盖材料有以下几种。

（1）植物秸秆，如小麦、水稻秸秆等。

（2）松散的木质材料包括木质纤维素、木质碎片、刨花、锯末、碎树皮等。

（3）其他大田作物秸秆，例如豌豆荚、碎玉米芯、甘蔗渣、甜菜浆、花生壳和烟草茎等经过腐解后可用做覆盖材料。

（4）人工合成的覆盖材料包括播量纤维丝、透明聚酯膜和弹性多聚乳胶。

（5）无纺布包括人工合成的化学纤维或棉纤维，也是比较好的覆盖材料。

第二节 草坪修剪

修剪是草坪养护中最重要的项目之一，是草坪养护标准高低的主要指标。草坪草长得过高会降低观赏价值和失去使用功能。修剪的目的不仅仅是为了美观，适当定期进行的修剪可保持草坪平整，促进草的分枝，利于匍匐枝的伸长，提高草坪的密度，改善通气性，减少病虫害的发生，抑制生长点较高的杂草的竞争能力。

一、草坪修剪的原则

遵循草坪修剪剪去1/3的原则要求：每次修剪量不能超过茎叶组织纵向总高度的1/3，也不能伤害根茎，否则会因地上茎叶生长与地下根系生长不平衡而影响草坪草的正常生长。

二、修剪高度

修剪高度（留茬高度）是修剪后地上枝条的垂直高度,修剪高度对草坪根系的影响。

修剪低矮的草坪看起来漂亮，但不抗环境胁迫，多病，对细致的栽培管理依赖性强。

草坪草修剪得越低，草坪根系分布越浅，浅的根系需要强化水分管理和施肥，以弥补植物对土壤水分与养分吸收能力的降低。大量的较小蘖枝之间竞争胁迫也大，也不耐其他方面的（见图2-6）。

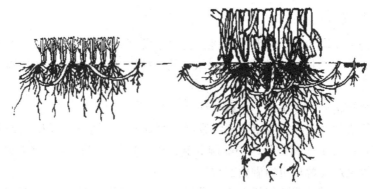

图2-6 修剪高度对草坪根系的影响

维护一个修剪低矮的草坪比维护高的草坪需要更高的技术水平。

（一）耐剪高度

每一种草坪草都有它特定的耐剪高度范围，在这个范围之内则可以获得令人满意的草坪质量。

低于耐剪高度范围，发生茎叶剥离或过多地把绿色茎叶去掉，老茎裸露，甚至造成地面裸露。

高于耐剪高度范围，草坪草变得蓬松、柔软、匍匐，难以形成令人满意的草坪。

某一草坪的精确的耐剪范围是难以确定的，草坪草的遗传特点、气候条件、栽培管理措施及其他环境影响因素对这一范围都有影响。多数情况下，在这个高度范围内修剪草坪表现良好。不同草坪草因生物学特性不同，其所耐受的修剪高度不同。

（1）直立生长的草坪草，一般不耐低矮的修剪，如草地早熟禾和高羊茅。

（2）具有匍匐茎的草坪草，如匍匐翦股颖和狗牙根可耐低修剪。

（3）常见草坪草耐低矮修剪能力由高到低的顺序为匍匐翦股颖、狗牙根、结缕草、野牛草、黑麦草、早熟禾、细羊茅、高羊茅。

（二）常见草坪修剪留茬高度

常见草坪修剪留茬高度，具体如表2-5所示。

表2-5 常见草坪修剪留茬高度

冷季型草	高度/厘米	暖季型草	高度/厘米
匍匐翦股颖	0.35～2.0	结缕草	1.5～5.0
草地早熟禾	2.5～5.0	结缕草（马尼拉）	3.0～4.5
粗茎早熟禾	4.0～7.0	野牛草	2.5～5.0

冷季型草	高度/厘米	暖季型草	高度/厘米
细羊茅	3.5～6.5	狗牙根（普通）	1.5～4.0
羊茅	3.5～6.5	狗牙根（杂交）	1.0～2.5
硬羊茅	2.5～6.5	地毯草	2.5～5.0
紫羊茅	4.0～6.0	假俭草	2.5～5.0
高羊茅	5.0～8.0	巴哈雀稗	2.5～5.0
多年生黑麦草	4.0～6.0	钝叶草	4.0～7.5

（三）修剪高度的确定

（1）冷季型草坪。夏季适当提高修剪高度来弥补高温、干旱胁迫。

（2）暖季型草坪。应该在生长早、后期提高修剪高度以提高草坪的抗冻能力和加强光合作用。

（3）生长在阴面的草坪草，无论是暖季型草坪草还是冷季型草坪草，修剪高度应比正常情况下高1.5～2.0厘米，使叶面积增大，以利于光合产物的形成。

（4）进入冬季的草坪要修剪得比正常修剪高度低一些，这样可使得草坪冬季绿期加长，春季返青提早。

（5）在草坪草胁迫期，应当提高修剪高度。在高温干旱或高温高湿期间，降低草坪草修剪高度是特别危险的。

（6）草坪春季返青之前，应尽可能降低修剪高度，剪掉上部枯黄老叶，利于下部活叶片和土壤接受阳光，促进返青。

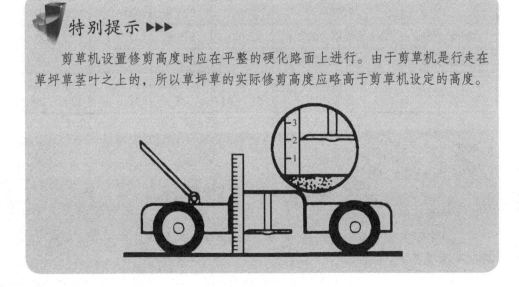

特别提示 ▶▶▶

剪草机设置修剪高度时应在平整的硬化路面上进行。由于剪草机是行走在草坪草茎叶之上的，所以草坪草的实际修剪高度应略高于剪草机设定的高度。

第二章 草坪建植与养护

三、修剪频率及周期

修剪频率是指一定时期内草坪修剪的次数；修剪周期是指连续两次修剪之间的间隔时间。修剪频率越高，次数就越多，修剪周期越短。

（一）修剪频率的确定依据

修剪频率取决于修剪高度，何时修剪则由草坪草生长速度来决定，而草坪草的生长速度则随草种、季节、天气的变化和养护管理程度不同而发生变化。

（1）在夏季，冷季型草坪进入休眠，一般2～3周修剪一次。

（2）在秋、春两季由于生长茂盛，冷季型草需要经常的修剪，至少一周一次。

（3）暖季型草冬季休眠，在春秋生长缓慢，应减少修剪次数，在夏季天气较热，暖季型草生长茂盛，应进行多次修剪。

在草坪管理中，可根据草坪修剪的1/3原则来确定修剪时间和频率，1/3原则也是确定修剪时间和频率的唯一依据。

（二）常见草坪草修剪频率

常见草坪草修剪频率，具体如表2-6所示。

表2-6 常见草坪草修剪频率

利用地	草坪草种类	生长季内修剪次数			全年修剪次数
		4～6月	7～8月	9～11月	
庭园	细叶结缕草 翦股颖	1 2～3	2～3 8～9	1 2～3	5～6 15～20
公园	细叶结缕草 翦股颖	1 2～3	2～3 8～9	1 2～3	10～15 20～30
竞技场、校园	细叶结缕草，狗牙根	2～3	8～9	2～3	20～30
高尔夫球发球台	细叶结缕草	1	16～18	13	30～35
高尔夫球球盘	细叶结缕草 翦股颖	38 51～64	34～43 25	38 51～64	110～120 120～150

 相关知识 ▶▶▶

草坪分级标准及剪草频度

1.草坪分级标准

（1）特级草坪。每年绿期达360天，草坪平整，留茬高度控制在25毫米以下，仅供观赏。

（2）一级草坪。绿期340天以上，草坪平整，留茬40毫米以下，供观赏及家庭休憩用。

（3）二级草坪。绿期320天以上，草坪平整或坡度平缓，留茬60毫米以下，供公共休憩及轻度践踏。

（4）三级草坪。绿期300天以上，留茬100毫米以下，用于公共休憩、荒地覆盖、斜坡保护等。

（5）四级草坪。绿期不限，留茬高度要求不严，用于荒山覆盖、斜坡保护等。

2.剪草频度

（1）特级草坪。春夏生长季每5天剪一次，秋冬季视生长情况每月1~2次。

（2）一级草坪。生长季每10天剪一次，秋冬季每月剪一次。

（3）二级草坪。生长季每20天剪一次，秋季共剪两次，冬季不剪，开春前重剪一次。

（4）三级草坪。每季剪一次。

（5）四级草坪。每年冬季用割灌机彻底剪一次。

四、剪草机械的选用

（1）特级草坪只能用滚筒剪草机剪，一级、二级草坪用旋刀机剪，三级草坪用汽垫机或割灌机剪，四级草坪用割灌机剪，所有草边均用软绳型割灌机或手剪（见图2-7）。

图2-7　草坪用剪草机剪，草边则用手剪

（2）在每次剪草前，应先测定草坪草的大概高度，并根据所选用的机器调整刀盘高度，一般特级至二级的草，每次剪去长度不超过草高的1/3。

五、草坪修剪方向

由于修剪方向的不同，草坪茎叶的取向、反光也不相同，因而产生了像许多体育场见到的明暗相间的条带，由小型剪草机修剪的果领也呈现同样的图案（见图2-8）。

图2-8　修剪方向的不同呈现的图案

不改变修剪方向可使草坪土壤受到不均匀挤压，甚至出现车轮压槽。不改变修剪路线，可使土壤板结，损伤草坪草。修剪时要尽可能地改变修剪方向，使草坪上的挤压分布均匀，减少对草坪草的践踏。

同时，每次修剪若总向一个方向，易使草坪草向剪草方向倾斜生长，草坪趋于瘦弱和形成"斑纹"现象（草叶趋于同一方向的定向生长），因此，要避免在同一地点、同一方向多次修剪（见图2-9）。

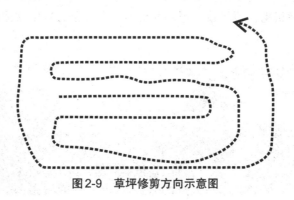

图2-9　草坪修剪方向示意图

六、剪草的操作

（一）剪草的操作要求

割草前应先把草坪上的垃圾除净。

割下的草可留在草坪上为土壤提供养分，这样也可以节省一些费用。如果潮湿天气很长，草长得太高，则剪下的草应除去，因为它们盖在草上，形成一个垫子，会压死下面的草。在大门口等碎草会影响美观的地方，可以将其装袋，或耙拢后清除。割草时应注意不要将碎草吹入灌木丛或树根下，这样很不美观。

竖杆、标志牌、建筑物和树木周围的草应修剪得和草坪同样高。不得使用割草机和修剪机处理乔木和灌木根部，因为这样会对植物根部造成损伤。

所有的人行道、小路和路边的草应经常修整。灌木和树木应修剪，并在护根区与草坪间保持5厘米高的边缘。在道路、路边的裂缝和伸缩缝中生长的各种草应经常清除。割草并修剪后，留下的碎草连同其他垃圾一并清扫干净。

（二）剪草的操作步骤

（1）清除草地上的石块、枯枝等杂物。

（2）选择走向，与上一次走向要求有至少30度以上的交叉，不可重复修剪，以避免引起草坪长势偏向一侧。

（3）速度保持不急不缓，路线直，每次往返修剪的截割面应保证有10厘米左右的重叠。

（4）遇障碍物应绕行，四周不规则草边应沿曲线剪齐，转弯时应调小油门。

（5）若草过长，应分次剪短，不允许超负荷运作。

（6）边角、路基边草坪以及树下的草坪用割灌机剪，花丛、细小灌木周边修剪不允许用割灌机（以免误伤花木），这些地方应用手剪修剪。

（7）剪完后将草屑清扫干净入袋，清理现场，清洗机械。

🗨 七、草屑的处理

剪草机修剪下的草坪草组织总体称草屑。

（一）移出草屑

在高尔夫球球场等管理精细的草坪，移走碎草会提高草坪的外观质量。

如草屑较长，应移出草坪，否则长草屑将破坏草坪的外观。形成的草堆或草的厚覆盖将引起其下草坪草死亡或发生疾病，害虫也容易在此产卵。

（二）留下草屑

在普通草坪上，只要剪下来的碎草不形成团块残留在草坪表面，不会引起什么问题。

碎草屑内含有植物所需的营养元素（施肥后有效养分的60%～70%含在头三次修剪的草屑中），是重要的氮源之一。碎草含有78%～80%的水、3%～6%的氮、1%的磷和1%～3%的钾。

有研究证明，草坪草能从草屑中获得所需氮素的25%～40%。归还这部分养分于土壤，可减少化肥施用量。

八、草坪修剪的注意事项

（1）防止叶片撕裂和叶片挤伤。在剪过的草坪上，有时会出现叶片撕裂和叶片挤伤，残损的叶片尖部变灰，进而变褐色，也可发生萎缩，这种现象可以在各种草坪上发生，特别是在黑麦草上尤为严重，出现这种问题时，一种可能是滚刀式剪草机钝刀片或调整距离不适当，一种可能是旋刀式剪草机低转速造成的，另外，还有可能是滚刀式剪草机转弯过急。

（2）修剪前必须仔细清除草坪内树枝、砖块、塑料袋等杂物。

（3）草坪的修剪通常应在土壤较硬时进行，以免破坏草坪的平整度。

（4）机具的刀刃必须锋利，以防因刀片钝而使草坪刀口出现丝状，如果天气特别热，将造成草坪景观变成白色，同时还容易使伤口感染，引起草坪病虫害发生。修剪前最好对刀片进行消毒，特别是在7～8月病虫害多发季节。修剪应在露水消退以后进行，且修剪的前一天下午不浇水，修剪之后间隔2～3小时浇水，防止病虫害发生。

（5）修剪后的草屑留在草坪上，少量的短草屑可作为草皮的薄层覆盖之用，改善干旱状况和防止苔藓着生，但修剪间隔时间较长，草屑又多又长时，必须使用集草袋予以清除；否则，草屑在草坪上堆积，不仅使草坪不美观，而且会使下部草坪草因光照、通气不足而窒息死亡；此外草屑在腐烂后，会产生一些有毒的小分子有机酸，抑制草坪根系的活性，使草坪长势变弱，还利于滋生杂草，造成病虫害流行（见图2-10、图2-11）。

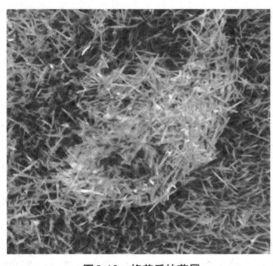

图2-10　修剪后的草屑　　　　图2-11　使用集草袋收草屑

（6）机油、汽油滴漏到草坪上会造成草坪死亡，严禁在草坪上对割草机进行加油或检修（见图2-12）。

图2-12　漏油造成的烧苗现象

（7）草坪修剪一定要把安全放在第一位，操作人员要做到岗前培训，合格上岗，作业是要穿长裤，戴防护眼镜，防滑高腰劳保鞋，防止意外伤害，剪草机使用后要及时清洗、检查。修剪前一定要检查清除草坪内的石块木桩和其他可能损害剪草机的障碍物，以免剪草机刀片、曲轴受损伤（见图2-13）。

图2-13　修剪作业的穿戴要安全

第三节　草坪施肥

草坪施肥是为草坪草提供必需养分的重要措施。草坪生长所需养分的供给必须在一定范围内，并且各种养分的比例要恰当，否则，草坪草不能正常地生长发育。

草坪草可以通过根、茎、叶来吸收养分，其中叶片和一部分茎是吸收 CO_2 的主要场所，而水分和矿质元素的吸收主要是依靠根系来完成的，但地上部分也能吸收一部分水分和矿质元素。

一、施肥的重要性

（一）保持土壤肥力

土壤肥力是任何草坪管理过程中都应考虑的问题。健康的草坪需要肥沃的土壤。因为草能迅速地消耗掉土壤中的养分，所以应该定期给土壤增加养分。

虽然营养对于草的健康成长非常重要，但是过量使用肥料会破坏草坪与环境。因此，在对草坪施肥时，应该只用保持草坪健康所需的最低数量的肥料。

（二）土壤的pH值

土壤的pH值对于植物的健康生长是非常重要的。土壤的pH值表示其酸碱平衡度，有些植物适合于中性土壤，有些则适合于酸性或碱性土壤。草皮在pH值为6.0～7.0时生长最好，因此，为了让草皮健康地生长，应检查土壤的pH值是否适合，否则应对其进行改善，土壤酸性过强时可加石灰，碱性过强时可加适量的硫磺、硫酸铝、腐殖质肥等。

二、草坪草的营养需求

草坪草物质组成：水（75%～85%）和干物质（15%～25%）。

草坪草正常生长发育不可缺少的营养元素有以下十六种。

C、H、O——主要来自于空气和水。

N、P、K——大量元素。

Ca、Mg、S——中量元素。

Fe、Mn、Cu、Zn、Mo、Cl、B——微量元素。

各种营养元素无论在草坪草组织中的含量高低，对草坪草的生长都是同等重要的，缺一不可。

草坪生长中需要量最大的是N素，K列第二，其次是P。

草坪每吸收一个单位的N需吸收0.1个单位的P和0.5个单位的K，所以有时推荐配方施肥的比例为1：0.1：0.5（N：P：K）。

N肥可通过淋洗或挥发损失，而P、K损失很少。

在确定施肥量的时候，要首先确定施用的N肥量，再结合土壤养分测定结果、草坪管理经验等确定N、P、K肥的比例，计算出P肥、K肥的用量。

以下提供不同草坪草形成良好草坪的需氮量供参考，如表2-7所示。

表2-7　不同草坪草形成良好草坪的需氮量

冷季型草坪草	年需氮量/（克/平方米）	暖季型草坪草	年需氮量/（克/平方米）
细羊茅	3～12	美洲雀稗	3～12
高羊茅	12～30	普通狗牙根	15～30
一年生黑麦草	12～30	杂交狗牙根	21～42
多年生黑麦草	12～30	日本结缕草	15～24
草地早熟禾	12～30	马尼拉	15～24
粗茎早熟禾	12～30	假俭草	3～9
细弱翦股颖	15～30	野牛草	3～12
匍匐翦股颖	15～39	地毯草	3～12
冰草	6～15	钝叶草	15～30

给草坪施肥要保证上少量、多次，以确保草能均匀生长。

💬 三、肥料的选用

草坪需要的主要养分是氮、磷、钾。氮是最重要的，因为它能促进草叶生长，使草坪保持绿色；磷是植物开花、结果、长籽所必需的，并可加强根系的生长；钾是增强植物活力和抵抗力所必需的，对于植物根部也有重要的作用。

（一）草坪肥料的种类

1. 氮肥

（1）铵态氮肥：硝酸铵（含氮34%）、硫酸铵（氮20.5%～21%）。铵态氮肥在土壤中移动性一般很小，不易淋失，肥效较长；但是铵态氮易氧化成为硝酸盐，在碱性土壤中易挥发损失。而且过量的铵态氮会引起氨中毒，同时也对钙、镁、钾等离子的吸收有一定的抑制作用。

（2）硝态氮肥：硝酸钠、硝酸钙和硝酸铵。硝态氮肥水溶性好，在土壤中移动快；草坪草容易吸收硝酸盐，且过量吸收不会有害；硝态氮容易淋失，并且容易反硝化作用而损失。

草坪上应用较多的硝态氮肥是硝酸铵，硝酸钠和硝酸钙不经常施用。

（3）酰铵态氮肥：尿素。尿素，含氮46%，是固体氮肥中含氮最高的肥料。吸湿性低，贮藏性能好，易溶于水。

（4）天然有机肥。

（5）缓释氮肥。

2. 磷肥

磷肥易被土壤固定，因此，为了提高肥效，不宜于建坪前过早施用或施到离根层较远的地方。有条件的地方可于施用磷肥前先打孔，以利肥料进入根层。

（1）天然磷肥包括过磷酸盐、重过磷酸盐、偏磷酸钙和磷矿石等。

① 过磷酸钙是草坪磷肥中最常用的。

② 重过磷酸钙中磷的含量比过磷酸盐高，一般不单独施用，而以高效复合肥形式施用。

③ 偏磷酸钙是酸性土壤上草坪草吸收利用的有效磷肥。

④ 磷矿石在草坪上应用较少。

（2）有机磷肥。骨粉是最常见的天然有机磷肥，其中磷素的释放取决于含磷有机物的降解。骨粉在酸性土壤上肥效显著，它可以降低土壤的酸度，但相对于过磷酸盐来说比较贵。

（3）工业副产品。工业副产品主要有碱性渣，这是钢铁工业的副产品。碱性渣肥效长，是缓效磷肥，能降低土壤的酸度，其中还含有一定的镁和锰。

（4）化学磷肥。过磷酸铵、磷酸钾和偏磷酸钾。

（5）钾肥。钾肥有如表2-8所示的几类。

表2-8 钾肥的类别

序号	类　别	具体说明
1	氯化钾	氯化钾的价格低廉，在草坪上广泛使用，它的盐指数较高，含氯47%
2	硫酸钾	硫酸钾中含有较多的硫，是较好的草坪钾肥，它的价格比氯化钾高很多，但它的盐指数低，含氯不超过2.5%
3	硝酸钾	硝酸钾有高度水溶性，吸湿性小，长期使用会引起土壤抗凝絮作用，起土壤悬浮剂的作用。硝酸钾中钾的含量不如氯化钾和硫酸钾高，但含氮超过13%。此外，硝酸钾存放不当容易产生火灾，因此使用不广泛
4	其他钾肥	其他钾肥是指偏磷酸钾含磷24%（55% P_2O_5）、硫酸镁钾（含大量的镁）、硝酸钠钾（含氮超过15%）等，它们在草坪上应用较少

（6）复合肥。复合肥同时含有两种或两种以上氮、磷、钾主要元素的化学肥料。

（7）微量元素肥料。微量元素肥料主要是一些含硼、锌、钼、锰、铁、铜等微量营养元素的无机盐类和氧化物或螯合物。

（8）有机肥料。有机肥料是指如粪尿肥类、堆沤肥类、绿肥类、饼肥类等。

（二）肥料的表示方法

肥料的表示方法包含3组数字，如10-6-4。第一个数字代表含氮的百分数，第二个数字是含磷的百分数，第三个数字是含钾的百分数。所有的肥料都是按这个顺序排列其主要养分的。

（三）肥料的选用

一级以上草坪选用速溶复合肥、快绿美及长效肥，二、三级草坪采用缓溶复合肥，四级草地基本不施肥。

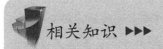 相关知识 ▶▶▶

识别真假肥料

一、钾肥

可用以下方法对钾肥进行鉴别。

（1）进口氯化钾是红色光滑的颗粒；而外观上不光滑、有棱角的红色碎块为红砖。

（2）全溶于水的为进口氯化钾；不溶于水的红碎块为红砖等杂质。

（3）进口氯化钾很坚硬，不易破碎；而红砖很脆，轻轻敲打就碎裂。

（4）在烧红的木炭上，发生爆裂声的为氯化钾、硫酸钾；发生溶融，无爆裂声的为氯化钠，无反应的为红砖。

二、复混肥

（1）看。先看肥料是否是双层包装，外包装上是否标明商标、生产许可证号码、农业使用登记证号码、标准代号、养分总含量、生产企业的名称和地址，内包装袋内是否放有产品合格证等，如上述标志不全，有可能是伪劣产品。再看袋内的肥料颗粒是否大小一致，无大硬块，粉末较少。

（2）摸。用手抓半把复混肥搓揉，手上留有一层灰白色粉末并有粘着感的为质量优良；若摸其颗粒，可见细小白色晶体的也表明为优质复混肥。劣质复混肥多为灰黑色粉末，无黏着感，颗料内无白色晶体。

（3）烧。取少量复混肥置于铁皮上，放在明火上烧灼，有氨臭味说明含有氮，出现黄色火焰表明含有钾，且氨臭味越浓，黄色火焰越黄，表明氮、钾含量越高，即为优质复混肥。反之则为劣质复混肥。

（4）闻。复混肥料一般来说无异味（有机无机复混肥除外），如果具有异味，则是劣质复混肥。

（5）溶。优质复混肥水溶性好，浸泡在水中绝大部分能溶解，即使有少量沉淀物，也较细小。而劣质复混肥难溶于水，残渣粗糙坚硬。

（6）尝。因市场上钾肥相对较缺，且价格较高，一些不法厂商用红砖粉碎后充当钾肥。氯化钾有咸味，而红砖颗粒则没有咸味，因此，在购买时可以取微量复混肥品尝，若无咸味，则是伪劣产品。

三、磷肥真假"四法"

识别磷肥真假的方法较多，主要有以下四种识别方法。

（1）观察颜色和形态标准，磷肥的颜色是灰白色的，形态是粉末状的。如果发现颜色是白色或黄色，可能是因为酸处理得不完全，含磷量低。如果磷肥已吸湿成块，其质量也已降低。

（2）闻气味，标准磷肥稍有酸味，如果无味，则说明在生产过程中使用的硫酸量不足，反应不完全，有效成分低。如果酸味过浓，说明游离酸含量高，肥效低，并且使用以后还会抑制土壤微生物的活动，烧坏苗根，甚至会造成种子不发芽的结果。

（3）用手摸，标准磷肥的含水量为8%～14%，用手摸以后感觉凉爽，但无水迹。如果用手一捏后出水，则表明含水量过高，磷肥的质量就差。如果手摸似干土，说明酸处理不彻底，有效磷含量低。

（4）抽样化验，通过指定的有关部门进行抽样化验，测定出磷肥的有效含量、水含量和游离酸含量，从而识别磷肥的真假。

四、施肥时间及施肥次数

（一）不同类型草坪的施肥次数与频率

1.冷季型草坪草

对于冷季型草坪草在深秋施肥是非常重要的，这有利于草坪越冬。特别是在过渡地带，深秋施氮可以使草坪在冬季保持绿色，且春季返青早。磷、钾肥对于草坪草冬季生长的效应不大，但可以增加草坪的抗逆性。

夏季施肥应增加钾肥用量，谨慎使用氮肥。如果夏季不施氮肥，冷季型草坪草叶色转黄，但抗病性强。过量施氮则病害发生严重，草坪质量急剧下降。

2.暖季型草坪草

暖季型草坪草最佳的施肥时间是早春和仲夏。秋季施肥不能过迟，以防降低草坪草抗寒性。

（二）不同肥料的施肥次数与用量

一般速效性氮肥要求少量多次，每次用量以不超过5克/平方米为宜，且施肥后应立即灌水。一则可以防止氮肥过量造成徒长或灼伤植株，诱发病害，增加剪草工作量；另则可以减少氮肥损失。

对于缓释氮肥，由于其具有平衡、连续释放肥效的特性，因此可以减少施肥次数，一次用量则可高达15克/平方米。

（三）不同养护水平下的施肥次数和频率

实践中，草坪施肥的次数或频率常取决于草坪养护管理水平。

（1）对于低养护管理的草坪，冷季型草坪草于每年秋季施用一次；暖季型草坪草在初夏施用一次。

（2）对于中等养护管理的草坪，冷季型草坪草在春季与秋季各施肥1次；暖季型草坪草在春季、仲夏、秋初各施用1次即可。

（3）对于高养护管理的草坪，在草坪草快速生长的季节，无论是冷季型草坪草还是暖季型草坪草最好每月施肥1次。

五、施肥的方法方式

（一）施肥方法

草坪施肥的方法有基肥、种肥和追肥。

（1）基肥。以基肥为主。

（2）种肥。播种时把肥料撒在种子附近，以速效磷肥为主。

（3）追肥。以微量元素在内的养分追肥为辅。

（二）施肥方式

1.表施

表施是指采取下落式或旋转式施肥机将颗粒状肥直接撒入草坪内，然后结合灌水，使肥料进入草坪土壤中（见图2-14）。每次施入草坪的肥料的利用率大约只有1/3。

图2-14　表施

2.灌溉施肥

灌溉施肥是指经过灌溉系统将肥料溶解在灌溉水中，喷洒在草坪上（见图2-15），目前一般用于高养护的草坪，如高尔夫球场。

图2-15 灌溉施肥

 草坪灌溉

💬 一、草坪对水分的需求

每生成1克干物质需消耗500～700克的水。

一般养护条件下，每周每100平方米用水2.5立方米。是通过降雨和灌溉或两者共同来满足。在较干旱的生长季节，灌水更多。

由于草坪草根系主要分布在10～15厘米及其以上的土层，所以每次灌溉应以湿润10～15厘米深的土层为标准。

💬 二、草坪灌溉时机

（一）灌溉时间的确定

灌溉时机判断：叶色由亮变暗或者土壤呈现浅白色时，草坪需要灌溉。

（二）一天中最佳灌水时间

晚秋至早春，均以中午前后为好，其余则以早上、傍晚灌水为好。尤其是有微风时，空气湿度较大而温度低，可减少蒸发量。

💬 三、草坪灌溉次数

（1）成熟草坪灌溉原则："见干则浇，一次浇透"。

（2）未成熟草坪灌溉原则："少量多次"。

四、草坪灌溉操作

施肥作业需与草坪灌溉紧密结合，防止"烧苗"。

北方冬季干旱少雪、春季少雨的地区，入冬前灌一次"封冻水"，使根部吸收充足水分，增强抗旱越冬能力；春季草坪返青前灌一次"开春水"，防止草坪萌芽期春旱而死，促使提早返青（见图2-16）。

砂质土保水能力差，在冬季晴朗天气，白天温度高时灌溉，至土壤表层湿润为止，不可多浇或形成积水，以免夜间结冰造成冻害。

若草坪践踏严重，土壤干硬结实，应于灌溉前先打孔通气，便于水分渗入土壤。

图2-16　草坪灌溉

第五节　草坪辅助养护管理

一、清除枯草

枯草在地面和草叶之间可能会形成一个枯草层，当这层枯草厚度超过1厘米时，即应清除。寒季草的枯草应在秋季清除，热季草的枯草应在春季清除。

（1）二级以上的草坪，视草坪生长密度，1～2年疏草一次；举行过大型活动后，草坪应局部疏草并培沙。

（2）局部疏草。用铁耙将被踩实部分耙松，深度约5厘米，清除耙出的土块、杂物，施上土壤改良肥，培沙。

（3）大范围打孔疏草。准备机械、沙、工具，先用剪草机将草重剪一次，用疏草机疏草，用打孔机打孔，用人工扫除或用旋刀剪草机吸走打出的泥块及草渣，施用土壤改良肥，培沙。

（4）二级以上草坪如出现直径10厘米以上秃斑、枯死，或局部恶性杂草占该部分草坪草50%以上且无法用除草剂清除的，应局部更换该处草坪的草。

（5）二级以上草坪局部出现被踩实，导致生长严重不良，应局部疏草改良。

二、滚压

滚压（见图2-17）能增加草坪草的分蘖及促进匍匐枝的生长；使匍匐茎的节间变短，增加草坪密度；铺植草坪能使根与土壤紧密结合，让根系容易吸收水分，萌发新根。滚压广泛用于运动场草坪管理中，以提供一个结实、平整的表面。提高草坪质量。

图2-17　滚压

三、表施细土

表施细土（见图2-18）是将沙、土壤或沙、土壤和有机肥按一定比例混合均匀地施在草坪表面的作业。在建成草坪上，表施细土可以改善草坪土壤结构，控制枯草层，防止草坪草徒长，有利于草坪更新，修复凹凸不平的坪床可使草坪平整均一。

（一）覆沙或土的时机

覆沙或土最好在草坪的萌发期及旺盛生长期进行。一般暖季型草在4～7月和9月为宜；而冷季型草在3～6月和10～11月为好。

（二）准备工作

表施的土壤应提前准备，最好土与有机肥堆制。堆制过程中，在气候和微生物活动的共同作用下，堆肥材料形成一种同质的、稳定的土壤。

为了提高效果，在施用前对表施材料过筛、消毒，还要在实验室中对材料的组成进行分析和评价。

表施细土的比例。沃土、沙、有机质比例为1∶1∶1或2∶1∶1较好。

（三）表施细土的技术要点

（1）施土前必须先行剪草。

（2）土壤材料经干燥并过筛、堆堆制后能施用。

（3）若结合施肥，则须在施肥后再施土。

（4）一次施土厚度不宜超过0.5厘米，最好用复合肥料撒播机施土。

（5）施土后必须用金属刷将草坪床面拖平。

图2-18 表施细土

四、草坪通气

时间长了土壤会变得板结，使得养分和水分就很难渗透到植物根部，使植物的根部变浅、继而干枯。为了减轻板结，通常采用通气的方法，即在草地上钻洞，让水分、氧气和养分能穿透土壤，达到根部，通气孔深度为5～10厘米。

（一）打孔

打孔也称除土芯或土芯耕作，是用专门机具在草坪上打上许多孔洞，挖出土芯的一种方式（见图2-19～图2-21）。

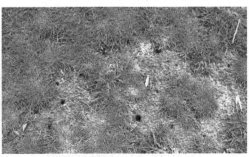

图2-19 打孔后的情形

图 2-20　机器垂直运动式打孔　　　　　图 2-21　手动打孔器打孔

1.打孔的作用

（1）土壤有毒气体的释放。

（2）改善干土或难湿土壤的易湿性。

（3）加速长期过湿土壤的干燥。

（4）增加地表板结或枯草层过厚草坪土壤的渗透性能。

（5）刺激根系在孔内生长。

（6）增加孔上草坪草茎叶的生长。

（7）打破由地表覆土而引起的不良层次。

（8）控制枯草层的发生等。

（9）打孔结合覆土效果更佳，可改善草坪对施肥的反应。

2.打孔的时机

打孔一般冷季型草坪在夏末或秋初进行；而暖季型草坪在春末和夏初进行。

3.孔的大小

孔的直径在6～19毫米，孔距一般为5厘米、11厘米、13厘米和15厘米，最深可达8～10厘米。

4.打孔的注意事项

（1）一般草坪不清除打孔产生的芯土，而是待芯土干燥后通过垂直修剪机或拖耙将芯土粉碎，使土壤均匀地分布在草坪表面上，使之重新入孔中。

（2）打孔的时间要避免在夏季进行。

（3）要经多次打孔作业，才可以改善整个草坪的土壤状况。

（二）划条与穿刺

划条与穿刺和打孔相似，划条或穿刺也可作来改善土壤通透条件，特别是在土壤板结严重处。但划条和穿刺不移出土壤，对草坪破坏较小（见图2-22）。

园林绿化养护从入门到精通

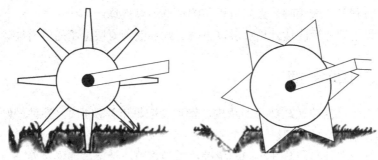

图2-22 划条刺孔

1.划条

划条是是指用固定在犁盘上的 V 型刀片划土，深度可达 7～10 厘米。不像打孔，操作中没有土条带出，因而对草坪破坏很小。

2.刺孔

刺孔与划条相似，扎土深度限于 2～3 厘米。在草坪表面刺孔长度较短。

（三）纵向刈割（纵向修剪）

纵向刈割（纵向修剪）是指用安装在横轴上的一系列纵向排列刀片的疏草机来修剪管理草坪。由于刀片可以调整，能接触到草坪的不同深度（见图2-23）。

图2-23 纵向刈割

纵向刈割的注意事项如下。

（1）地上匍匐茎和横向生长的叶片可以被剪掉，也可用来减少果岭上的纹理。

（2）浅的纵向修剪，可以用来破碎打孔后留下的土条，使土壤均匀分布到草坪中。

 特别提示 ▶▶▶

　　垂直修剪应在土壤和草层干燥时进行，使草坪受到的伤害最小。垂直修剪时应避开杂草萌发盛期。

第二章　草坪建植与养护

（3）设置刀片较深时，大多数累积的枯草层可被移走。

（4）设置刀片深度达到枯草层以下时，则会改善表层土壤的通透性。

五、草坪补植

为了恢复裸露或稀疏部分的草皮，管理者应每年补种1次。补种最好在秋季，其次是在春季。草坪补植以下几个要求。

（1）补植要补与原草坪相同的草种，适当密植，补植后加强保养。

（2）补植前需将须补植地表表面杂物（包括须更换的草皮）清除干净，然后将地表以下2厘米土层用大锄刨松（土块大小不得超过1厘米）后再进行草皮铺植。

（3）草皮与草皮之间可稍留间隙（1厘米左右），但切忌不可重叠铺植。

（4）铺植完毕需用平锹拍击新植草皮以使草皮根部与土壤密接以保证草皮成活率，拍击时由中间向四周逐块铺开，铺完后及时浇水，并保持土壤湿润直至新叶开始生长。

特别提示 ▶▶▶

为避免外来因素对新植草坪的破坏，可在新植草坪处摆放"养护进行中"标识提醒人员不进入养护期间草坪，以保证新植草皮的成活率，必要时可通知上级领导设置警戒带或其他方法对补植区域进行隔离。

第六节 草坪病虫草的防治

一、草坪病害防治

植物病害是植物活体在生长或储藏过程中，由于所处环境条件的恶劣、或受到有害（微）生物的侵扰，致使植物活体受到的损害，包括正常的新陈代谢受到干扰，生长发育受到影响，遗传功能发生改变，以及植物产品的品质降低和数量减少等。

（一）草坪病害的原因

依据致病原因不同，草坪病害可分为两大类：一类是由生物寄生（病原物）引起的，有明显的传染现象，称为浸染性病害；另一类是由物理或化学的非生物

园林绿化养护从入门到精通

72

因素引起的，无传染现象，称为非侵染性病害。

1.非侵染性病害

非侵染性病害，亦称生理性病害的发生，决定于草坪和环境两方面的因素。包括土壤内缺乏草坪必需的营养、营养元素的供给比例失调；水分失调；温度不适；光照过强或不足；土壤盐碱伤害；环境污染产生的一些有毒物质或有害气体等。由于各个因素间是互相联系的，因此生理性病害的发生原因较为繁杂，而且这类病症状常与侵染性病害相似且多并发。

2.侵染性病害

侵染性病害的病原物主要包括真菌、细菌、病毒、类病毒、类菌质体、线虫等，其中以真菌病害的发生较为严重。

（二）主要病害防治

在我国常见的草坪病害主要有以下几种类型。

1.褐斑病

褐斑病所引起的草坪病害，是草坪上最为广泛的病害。由于它的土传习性，所以，寄主范围比任何病原菌都要广。在我国黄淮河流域是早熟禾最重要的病害之一。常造成草坪大面积枯死。

（1）特性。被侵染的叶片首先出现水浸状，颜色变暗，变绿，最终干枯、萎蔫，转为浅褐色，在暖湿条件下，枯黄斑有暗绿色至灰褐色的浸润性边缘（是由萎蔫的新病株组成），称为"烟状圈"，在清晨有露水时或高温条件下，这种现象比较明显。留茬较高的草坪则出现褐色圆形枯草斑，无"烟状圈"症状。在干燥条件下，枯草斑直径可达30厘米，枯黄斑中央的病株较边缘病株恢复的快，结果其中央呈绿色，边缘为黄褐色环带，有时病株散生于草坪中，无明显枯黄斑（见图2-24）。

图2-24 害了褐斑病的草坪

（2）诱发因素。高湿条件、施氮过多、生境郁闭、枯草层厚。

（3）防治方法

①栽培管理措施。平衡施肥，增施磷、钾肥，避免偏施氮肥。防止水大漫灌

和积水，改善通风透光条件，降低湿度，清除枯草层和病残体，减少菌源。

②药物控制。三唑酮、代森猛锌、甲基托布津等。

2.白粉病

白粉病主要危害早熟禾、细羊茅和狗牙根等。生境郁蔽，光照不足时发病尤重，如图2-25所示。

图2-25　患有白粉病的草

（1）主要特征。叶片出现白色霉点，后逐渐扩大成近圆形、椭圆形霉斑，初白色，后变污灰色、灰褐色。霉斑表面着生一层白色粉状物质。

（2）诱发因素。管理不善，氮肥施用过多，遮荫，植株密度过大和灌水不当。

（3）防治方法

①种植抗病品种。

②加强栽培管理。减少氮肥用量或与磷钾肥配合使用；降低种植密度，减少草坪周围灌、乔木的遮荫，以利于草坪通风透光，降低草坪湿度。适度灌水，避免草坪过旱，病草提前修剪，减少再侵染菌源。

③药物防治。多菌灵、甲基托布津。

3.腐霉菌病害

（1）特征。高温高湿条件下，腐霉菌侵染常导致根部、根颈部和茎、叶变褐腐烂。草坪上突然出现直径1～5厘米的圆形黄褐色枯草斑。修剪较低的草坪上枯草斑最初很小，但迅速扩大。剪草坪较高的草坪枯草斑较大，形状较不规则。枯草斑内病株叶片褐色水渍状腐烂，干燥后病叶皱缩，色泽变浅，高湿时则生有成团的绵毛状菌丝体。多数相邻的枯草斑可汇合较大的形状不规则的死草区。这类死草区往往分布在草坪最低湿的区段。有时沿剪草机作业路线成长条形分布（见图2-26）。

图2-26 有腐霉菌病害的草坪

（2）诱发因素。高温、高湿条件：白天最高湿30摄氏度以上。夜间最低20摄氏度以上，大气相对温度高于90%，且持续14小时以上。低凹积水，土壤贫瘠，有机质含量低，通气性差，缺磷、氮肥施用过量。

（3）防治方法

① 栽培管理措施。改善立地条件，避免雨后积水。合理灌水，减少灌水次数，控制灌水量，减少根层（10～15厘米）土壤含水量，降低草坪小气候的相对湿度。及时清除枯草层，高温季节有露水时不剪草，以避免病菌传播。平衡施肥。

② 药物控制。百菌清、代森锰锌、甲霜灵、杀毒矾等。

4.立枯病

（1）特征。病草坪初现淡绿色小型病草斑，随后很快变为黄枯色，在干热条件下，病草枯死。枯黄斑圆形或不规则形，直径2～30厘米，斑内植株几乎全部都发生根腐和基腐。此外，病株还能产生叶斑。叶斑主要生于老叶和叶鞘上，不规则形，初现水渍状墨绿色，后变枯黄色至褐色，有红褐色边缘，外缘枯黄色。

草地早熟禾草坪出现的枯黄斑直径可达1米，呈条形、新月形、近圆形，枯草斑边缘多为红褐色，通常枯黄斑的中央为正常草株，受病害影响较少，四周则为已枯死的草株。

（2）诱发因素。高温、湿度过高或过低，光照强，氮肥施用过量，枯草层太厚、pH值＞7.0或＜5.0。

（3）防治方法

① 栽培管理措施。增施磷钾肥，控制氮肥用量，减少灌溉次数，清除枯草层。

② 药剂控制。多菌灵、甲基托布津

5.锈病

锈病是草坪草最重要，分布较广的一类病害。主要危害草坪草的叶片和叶鞘，也侵染茎秆和穗部。锈病种类很多，因菌落的形状、大小、色泽、着生特点而分为叶锈病、秆锈病、条锈病和冠锈病。

（1）主要特征。病部形成黄褐色的菌落，散出铁锈状物质。草坪感染锈病后叶绿素被破坏，光合作用降低，呼吸作用失调，蒸腾作用增强，大量失水，叶片变黄枯死，草坪被破坏（见图2-27）。

图2-27　患锈病的草

（2）诱发因素。低温（7～25摄氏度，因不同种类锈病有所不同），潮湿。锈菌胞子萌发和侵入寄主要有水湿条件，或100%的空气湿度，因而在锈病发生时期的降雨量和雨日数往往是决定流行程度的主导因素。通常在草坪密度高、遮荫、灌水不当、排水不畅、低凹积水时易发。

（3）防治方法

①栽培管理措施。增施磷、钾肥，适量施用氮肥。合理灌水，降低草坪湿度，发病后适时剪草，减少菌源数量。

②药剂防治。三唑类内吸杀菌剂——速保利等。

6.炭疽病

（1）特征。炭疽病在温暖至炎热期间，在单个叶片上产生圆形至长形的红褐色病斑，被黄色晕圈所包围。小病斑合并，可能使整个叶片烂掉。有的草坪草叶片变成黄色，然后变成古铜色至褐色。

（2）诱发因素。炭疽病通常是在由其他原因所引起的草坪草生长弱后出现的，如由蠕孢菌侵染，肥力水平低或肥料不平衡、枯草垫太厚、干旱、昆虫损害、土壤板结等等。

（3）防治方法

①栽培技术措施。轻施氮肥可以防止炭疽病严重发生，每100平方米施27克氮肥，为了防止草坪严重损失，在必要时必需使用杀菌剂处理。

②化学防治。用苯胼咪唑类内吸性杀菌剂，如多菌灵和50%苯菌灵可湿性粉剂300～500毫克/升、70%甲基托布津可湿性粉剂500～700毫克/升，上述杀菌剂在发病期间每隔10～15天打一次药。在病情严重地区每隔10天打一次药，

在整个发病季节内不要停止打药。为了防止产生抗药性，可与非内吸性杀菌剂如75%百菌清可湿性粉剂1000～1250毫克/升、50%可湿性粉剂250～400毫克/升、70%500倍，代森锰锌或代森锰加硫酸锌等交替使用。这些接触性杀菌剂用药间隔为7～10天。

7.叶斑病

（1）特征。叶斑病主要危害叶片。叶片受害初期产生黄褐色稍凹陷小点，边缘清楚。随着病斑扩大，凹陷加深，凹陷部深褐色或棕褐色，边缘黄红色至紫黑色，病健交界清楚。单个病斑圆形或椭圆形，多个病斑融合成不规则大斑。有时假球茎也可受害，病部会出现稍隆起的黑色小点（见图2-28）。

图2-28　患有叶斑病的草

（2）病原。叶斑病的病原菌是两种真菌，即半知菌亚门叶点霉。

（3）发病规律。病菌以菌丝或分生孢子在病残组织内越冬，借风雨、水滴传播，从伤口或自然孔口侵入。高温高湿发病严重。

（4）防治方法

①栽培技术。在早春和早秋，减少氮肥用量，有助于防治叶斑病。保持磷和钾正常使用量。避免在早春和早秋或白天过量供水，这样容易使叶片干枯。

②化学防治。大多数接触性杀菌剂7～10天喷药一次，直到发病停止。

8.霜霉病

霜霉病是由真菌中的霜霉菌引起的植物病害。

（1）特征。此病从幼苗到收获各阶段均可发生，以成株受害较重。主要为害叶片，由基部向上部叶发展。发病初期在叶面形成浅黄色近圆形至多角形病斑，容易并发角斑病，空气潮湿时叶背产生霜状霉层，有时可蔓延到叶面。后期病斑枯死连片，呈黄褐色，严重时全部外叶枯黄死亡。

（2）诱发因素。病菌以菌丝在种子或秋冬季生菜上为害越冬，也可以卵孢子在病残体上越冬。主要通过气流、浇水、农事及昆虫传播。病菌孢子萌发温度为6～10摄氏度适宜侵染温度15～17摄氏度，田间种植过密、定植后浇水过早、过大、土壤湿度大、排水不良等容易发病。春末夏初或秋季连续阴雨天气最易发生。

（3）防治方法。加强栽培管理，适当稀植，采用高畦栽培；用小水浇灌，严禁大水漫灌，雨天注意防漏，有条件的地区采用滴灌技术可较好地控制病害。剪草后彻底清除草屑。也可应用粉尘剂或烟雾剂防治。

9.红线病

红线病是发生在生长缓草坪草上的一种病害。

（1）特征。草坪上出现环形或不规则形状、直径为5～50厘米、红褐色的病草斑块。

红线病很容易辨认，它在叶片或叶鞘上有粉红色子座。在早晨有露水时，子座呈胶状或肉质状。当叶干时，子座也发干，呈线状，变薄。从远处看，被侵染的草坪呈现缺水状态，从近一点距离看，它像是有长孺孢叶斑病菌，直接在草坪上。特别是在紫羊茅上，该病与核盘菌所引起的银元斑病相似。仔细观察叶片，呈现粉红色子座。

（2）诱发因素。病菌以子座和休眠菌丝在寄主组织中生存。在温度低于21摄氏度潮湿条件下发病。在春、秋有毛毛雨，是发病的严重时期。病害是由于子座生长由这株传到另一株而扩展。当子座破裂，它能被风带到很远的地方；它们也能通过刈割设备进行传播。

（3）防治方法。在夏末按计划施用氮肥是关键。最后施用氮肥的日期可以调整，进而使草在下雪前有足够的时间锻炼得更耐寒，然后考虑使用杀菌剂防治红线病。

防治红线病的杀菌剂有百菌清、放线菌酮、放线菌酮加福美双。

10.全蚀病

（1）特征。草坪产生枯黄至淡褐色小型枯草斑，可周年扩大，夏末受干热天气的影响，症状尤为明显，病株变暗褐色至红褐色。发病草坪夏末至秋冬病情逐渐加重，冬季若较温暖，病原菌仍不停止活动，翌年晚春剪股颖草坪就出现新的发病中心。冬季枯草斑变灰色。草坪上枯草斑圆形或环带状，每年可扩大15厘米，直径可达1米以上，但也有些枯草斑短暂出现，不扩展。

（2）诱发因素。土壤严重缺磷或氮、磷比例失调，将加重全蚀病发生。土壤pH值升高时，全蚀病发病较重，在酸性土壤中发病较轻。保肥、保水能力差的沙土地利于发病。

（3）防治方法。发病早期铲除病株和枯草斑。增施有机肥和磷肥，保持氮、磷比例平衡，合理排灌，降低土壤湿度。病草坪不施或慎施石灰。在播种前，均匀撒施硫酸铵和磷肥做基肥。发病前期往草的基部和土表喷施三唑酮或三唑类内吸杀菌剂，防治效果明显。

11.粉雪霉病

冷季型草均易感病。主要寄主为一年生早熟禾、翦股颖。次要寄主为羊茅属种、草地早熟禾、粗茎早熟禾、黑麦草属种。

（1）特征。当气候条件长期湿冷时，圆枯斑开始出现。病斑早期为直径小于5厘米的水浸状小圆斑点。病斑颜色很快从橘褐色变为深褐色，进而转为浅灰色。病斑直径通常小于20厘米，但特殊条件下病斑可合并，并可无限扩大，造成大面积草坪死亡（见图2-29）。

图2-29 患有粉雪霉病的草坪

（2）诱发因素。在积雪期长，同时积雪下的土壤未冰冻的地区易发此病。在部分地区此病可常年发生。当降雪、雪融化反复出现时，草坪易发病。此病发生等最适条件为高湿，气温在0～8摄氏度范围。个别病原菌菌株可在-6摄氏度下生长。当叶表水膜存留期长、浓雾、毛毛雨频繁时，即使气温在18摄氏度，此病也可能严重发生。病原菌在气温21摄氏度时停止侵染为害。表土层约2.5厘米范围内的酸碱度在pH值大于6.5时，利于此病发生。

（3）侵染循环。病原以菌丝体和大型分生孢子随染病组织或植物残体在土壤或枯草层中越夏。在晚秋初冬当环境条件有利于病原时，菌丝体从染病组织或植物残体长出或由分生孢子萌发通过叶茎伤口或气孔侵染叶片和叶鞘。在适宜湿润环境条件下和温度介于冰点到16摄氏度时侵染点迅速扩大。在温暖晴朗的天气情况下同时草冠干燥时，此病停止为害。冬季病菌在雪层下以菌丝体扩展蔓延；春季产生分生孢子和子囊孢子随空气传播。分生孢子和染病残体易被草坪维护机械设备、人员、动物携带传播疾病。也可经带菌草坪或种子传播。主要传播途径为人员活动（如病原菌黏到高尔夫球员的鞋和球棒上）和雨水（包括灌溉用水）的溅泼作用。

二、草坪主要虫害防治

草坪植物的虫害，相对于草坪病害来讲，对于草坪的危害较轻，比较容易防治，但如果防治不及时，亦会对草坪造成大面积的危害。按其危害部分的不同，草坪害虫可分为地下害虫和茎叶部害虫两大类。

草坪主要虫害防治，具体如表2-9所示。

表2-9 草坪主要虫害防治

虫害名称	发生时期	虫害形态	危　害	防治方法	备　注
蚂蚁	春夏秋季	成虫	撕破草坪草的根系，采食草坪种子或啃伤幼苗，蚁洞影响草坪景观质量	（1）适时用疏耙和草坪碾压； （2）在蚁巢中施入熏蒸剂或普通杀虫剂	
蛴螬	4～5月 8～9月	幼虫、成虫（金龟子）	咬断草根，使草坪不费力的从地面拔起，形成大面积草坪死亡，形成大小不一的枯草斑。严重时会造成草坪大面积死亡	使用杀虫灯诱杀成虫，直接降低蛴螬数量	使用药剂防治效果不会很明显
蝼蛄	春秋季	成虫	咬食地下的种子、幼根和嫩茎，使植株枯萎死亡。在表土层穿行，打出纵横的隧道，使植物根系失水、干枯而死	使用杀虫灯诱杀，使用毒饵诱杀。（用炒香的麦麸加入杀虫剂支撑毒饵）	
地老虎	春夏秋季	幼虫	低龄幼虫将叶片啃成空洞、缺刻，大龄幼虫傍晚或夜间咬断草坪草的近地表的颈部，使整株死亡	傍晚喷施菊酯类杀虫剂	
夜蛾类	7～10月	幼虫	群体聚集，沿叶边缘咀嚼叶片，造成草坪秃斑，严重时可在一夜之间将大面积草坪吃光	用溴清菊酯、敌百虫、马拉硫磷等杀虫剂喷施防治。使用杀虫灯诱杀成虫	爆发性害虫，3龄前进行化学防治最有效
螨类	春秋季	成虫	以刺吸式口器取植物枝叶，被害叶片退绿、发白，逐渐变黄而枯萎	用专用杀螨剂直接对危害区域部位喷施	必要时重复使用
蝗虫	夏秋季	成虫若虫	取食叶片或嫩茎，咬成缺刻，大发生时可把植物吃成光杆或全部吃光	（1）2.5%敌百虫粉剂等杀虫剂施入草坪中； （2）严重时用剪草机或滚轴碾压； （3）配合栽植措施减少粗放草坪的面积	只在大环境干旱时才发生危害

园林绿化养护从入门到精通

虫害名称	发生时期	虫害形态	危　害	防治方法	备　注
蚜虫	春夏秋季	成虫若虫	群集于植物上刺吸，严重时导致生长停歇，植株发黄、枯萎。蚜虫排泄的蜜露会引发霉菌、污染植株，还可招来蚂蚁，进一步造成危害	40%氧化乐果乳油、50%灭蚜净乳油	很多新型环保型药剂可以使用
蚯蚓	夏季		取食土壤中的有机质、草坪枯草、烂根等，将粪便排泄于地表上，形成凹凸不平的土堆。影响草坪的质量，雨季最易发生，雨后会钻出草坪		

以下提供一些害虫的图片供参考（见图2-30～图2-37）。

图2-30　蛴螬

图2-31　蝗虫

图2-32　金针虫

图2-33　蝼蛄

第二章　草坪建植与养护

81

图2-34　夜老虎

图2-35　地老虎

图2-36　蚜虫

图2-37　蚯蚓

📢三、杂草防治

　　草坪中的杂草主要有马唐、牛筋草、稗草、水蜈蚣、香附子、天胡荽、一点红、酢浆草、白三叶草等。这些杂草密度大，生长迅速，竞争力强，对草坪生长构成严重威胁（见图2-38）。

图2-38　草坪中的杂草

　　草坪杂草的防治措施有如下几种。

（一）草坪杂草的物理防除

1.播种前防除

坪床在播种或营养繁殖之前，用手工拔除杂草或用机械防除杂草（见图2-39），还可以通过土壤翻耕机具，在翻挖的同时清除杂草。

图2-39　用机械将杂草防除

对于有地下蔓生根茎的杂草可采用土壤休闲法，即夏季在坪床不种植任何植物，且定期地进行耙、锄作业，以杀死杂草可能生长出来的营养繁殖器官。

2.手工除草

手工除草是一种古老的除草法，污染少，在杂草繁衍生长以前拔除杂草可收到良好的防除效果。拔除的时间是在雨后或灌水后，将杂草的地上、地下部分同时拔除（见图2-40）。手工除草的要领如下。

图2-40　手工除杂草

（1）一般少量杂草或无法用除草剂的草坪杂草采用人工拔除。

（2）人工除草按区、片、块划分，定人、定量、定时地完成除草工作。

（3）应采用蹲姿作业，不允许坐地或弯腰寻杂草。

（4）应用辅助工具将草连同草根一起拔除，不可只将杂草的上部分去除。

（5）拔出的杂草应及时放于垃圾桶内，不可随处乱放。

（6）除草应按块、片、区依次完成。

3.滚压防除

对早春已发芽出苗的杂草，可采用重量为100～150千克的轻滚筒轴进行交叉滚压消灭杂草幼苗，每隔2～3星期滚压1次。

4.修剪防除

对于依靠种子繁殖的一年生杂草，可在开花初期进行草坪低修剪，使其不能结实而达到将其防除的目的。

（二）化学除草

化学除草是使用化学药剂引起杂草生理异常导致其死亡，以达到杀死杂草的目的。

化学除草的优点是劳动强度低，除草费用低，尤其适于大面积除草。缺点是容易对环境造成一定的污染和破坏。

使用除草剂进行化学除草，应注意以下几点，如表2-10所示。

表2-10　化学除草的注意事项

序号	注意事项	具体说明
1	杂草状态	不要等杂草太大或太小时喷药，一般在杂草三叶期至分蘖前喷药效果好。当杂草太大时喷药，见效慢，效果差；当杂草太小时，叶片面积小，吸收药量不够不足以致死
2	水分	喷除草剂时，若有少量喷水或降雨，将叶片上的灰尘洗掉，利于除草剂吸收。除草剂分子在湿土土壤胶粒外表通过水的作用，能很快形成药膜层。但过大的喷水或降雨，则会稀释除草剂，降低除草剂效果，且增加草坪根系的吸收量，危及草坪安全。因此施药后，应在8小时后喷水，以免冲掉药液
3	光照	晴天喷药效果更好。光照使杂草对除草剂的吸收及传导速度提高，晴天大气湿度小，有利于药液雾滴快速下沉，可减少喷雾过程中除草剂的逸失
4	风力	喷药时，最好是无风天气，至少小于二级风。风会造成药液飘移，降低单位面积药剂投放量，降低药效，且可能使周围其他植物产生药害。若二级以上风，可适当加大浓度（加大15%～30%）、药量、喷头孔径。若喷药者前进方向逆风，可倒退喷药，以免中毒
5	操作	喷药人员喷药时，应穿安全服（口罩、手套、工作服）。大面积喷药时，要作标记，防止重复或漏喷。喷完后，先清洗器械，并用洗衣粉泡24小时，然后用洗衣粉清洗身体暴露部位，再用香皂清洗

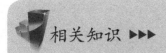

相关知识 ▶▶▶

不同杂草的化学防除要领

1. 一年生禾草的化学防除

可通过萌前除草剂或萌后除草剂防除。常用的萌前除草剂有氟草胺、地散磷、敌草索、环草隆等。萌前除草剂一般在春季杂草萌发前使用，一次性施用很难取得较好的效果，常需要间隔10～14天进行多次使用。施入时间很重要，过早，除草剂会在杂草发芽高峰之前失去药力；过晚，杂草已经萌发出苗，也不能取得较好的杀伤效果。最佳时机是在一年生禾草杂草萌发前1～2周施入。

常用的萌后除草剂有甲胂钠（MSMA）或甲胂二钠（DSMA）等，在一年生禾草杂草萌发后的早期阶段施入也具有一定的防除效果。一般一次施用不能根除杂草，需要施2次或多次以根除杂草，其间隔为10～14天。但萌后除草剂有两个缺点：一是中毒后慢慢死亡的杂草存留在草坪上，会影响草坪的美观；二是对冷季型草坪草具有一定的毒性作用。

2. 阔叶杂草的化学防除

使用除草剂杀除草坪中的阔叶杂草相对比较容易。因为草坪草一般为单子叶植物，而阔叶杂草为双子叶植物，除草剂容易选择，对草坪草的伤害较小。大部分阔叶杂草可以用以下几种选择性除草剂杀除：2,4-D（2,4-二氯苯氧乙酸）、二甲四氯丙酸、麦草畏、巨星，或它们的混合物。

施用时应选择无风天气下进行，以防除草剂被传送到附近其他园林植物上。上述几种除草剂均为萌后除草剂，施用后不要立即喷灌，使其在杂草叶片存留24小时以上。施药后两天内不要修剪草坪，以避免除草剂在产生效果前随草屑而被排出。杂草死亡需1～4周，因此第二次施药至少在第一次施药后的2周之后。施药后修剪3～4次以后的草屑方可供家畜利用。但钝叶草对2,4-D比较敏感，钝叶草草坪的阔叶杂草常使用莠去津、西玛津杀除。

暖季型草坪中阔叶杂草的防除应在晚春、秋季或冬季草坪草休眠时进行，冷季型草坪则应在春季或夏末秋初进行。

阔叶杂草的除草剂必须小心使用，如果它们一旦接触草坪附近的树木、灌丛、花果和蔬菜均能产生伤害。药物流失是常见的问题，喷施这些药物应在无风、干燥的天气进行。麦草畏可通过土壤淋失，因而不应在乔灌木的根部上方使用。除非用量很低，一般也不应在草坪中对药物很敏感的装饰性植物根部上方施用。

3. 多年生禾草杂草的化学防除

多年生禾草杂草的生理特点与草坪草很相似，因此，利用除草剂防除草坪中的多年生禾草杂草相当困难，没有一种选择性除草剂可以用于防除多年生禾草。草坪中出现多年生禾草杂草时，只能人工拔除。严重时，只有使用非选择性除草剂杀灭全部植被，然后进行补种或重新建坪。一年生禾草中的香附子与多年生禾草杂草相似，很难利用除草剂选择性杀除，一般也常采用人工拔除的方法清除。

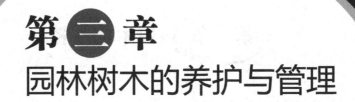

第三章
园林树木的养护与管理

　　"养护"是指根据不同园林树木的生长需要和某些特定的要求，及时对树木采取如施肥、灌溉、中耕除草、修剪、病虫害防治等园艺技术措施。"管理"是指看管维护、绿地的清扫保洁等园务管理工作。

1.掌握树木栽植工作步骤及各个步骤的操作要领、注意事项。

2.掌握树木养护中各项业务——根部覆盖、灌溉、排水、杂草防治、整形修剪、施肥的操作要领、注意事项。

3.掌握树木的常见病虫害及防治要领。

第一节　树木的栽植

一、栽植前的准备工作

园林树木栽植准备工作的及时与否，直接影响到栽植进度和质量，树木的栽植成活率及其后的树体生长发育，设计景观效果的表达和生态效益的发挥。

（一）工具与材料准备

（1）锹、镐——整理挖掘树穴。

（2）剪、锯——修剪根冠。

（3）扛、绳——短途转运。

（4）筐、车——树穴换土。

（5）冲棍——树木定植时加土夯实。

（6）桩、锤——埋设树桩。

（7）水管、水车——浇水。

（8）车辆、设备装置——吊装树木。

（9）稻草、草绳等——包裹树体以防蒸腾或防寒。

（10）栽植用土、树穴底肥、灌溉用水等材料。

（二）地形和土壤准备

1.地形准备

必须使栽植地与周边道路、设施等的标高合理衔接，排水降渍良好，并清理有碍树木栽植和植后树体生长的建筑垃圾和其他杂物。

2.土壤准备

对土壤进行测试分析，明确栽植地点的土壤特性是否符合栽植树种的要求、是否需要采用适当的改良措施，特别要注意土壤的排水性能。

（三）定点放线，树穴开挖

1.定点放线

行道树的定点放线，一般以路边或道路中轴线为依据，要求两侧对仗整齐。一般情况下，以树冠长大后株间发育互不干扰、能完美表达设计景观效果为原则。

特别提示 ▶▶▶

行道树栽植时要注意树体与邻近建（构）筑物、地下工程管路及人行道边沿等的适宜水平距离。

2.树穴开挖

乔木类栽植树穴的开挖，在可能的情况下，以预先进行为好。特别是春植计划，若能提前至秋冬季安排挖穴，有利于基肥的分解和栽植土的风化，可有效提高栽植成活率（见图3-1）。

图3-1　开挖树穴

（1）树穴的平面形状多以圆、方型为主，以便于操作为准，可根据具体情况灵活掌握。

（2）大坑有利树体根系生长和发育：如种植胸径为5～6厘米的乔木，土质又比较好，可挖直径约80厘米、深约60厘米的坑穴。

（3）缺水沙土地区，大坑不利保墒，宜小坑栽植；粘重土壤的透水性较差，大坑反易造成根部积水，除非有条件加挖引水暗沟，一般也以小坑栽植为宜。

（4）竹类栽植穴的大小，应比母竹根蔸略大、比竹鞭稍长，栽植穴一般为长方形，长边以竹鞭长为依据。如在坡地栽竹，应按等高线水平挖穴，以利竹鞭伸展，栽植时一般比原根蔸深5～10厘米。

（5）定植坑穴的挖掘，上口与下口应保持大小一致，切忌呈锅底状，以免根系扩展受碍。

（6）挖穴时应将表土和心土分边堆放，如有妨碍根系生长的建筑垃圾，特别是大块的混凝土或石灰下脚等，应予清除。情况严重的需更换种植土，如下层为白干土的土层，就必需换土改良。

（7）地下水位较高的南方地区和多雨季节，应有排除坑内积水或降低地下水位的有效措施，如采用导流沟引水或深沟降渍等。

（8）树穴挖好后，有条件时最好施足基肥，腐熟的植物枝叶、生活垃圾、人畜粪尿或经过风化的河泥、阴沟泥等均可利用，用量每穴10千克左右。

 特别提示 ▶▶▶

基肥施入穴底后，须覆盖深约20厘米的泥土，以与新植树木根系隔离，不致因肥料发酵而产生烧根现象。

（四）树木准备

（1）一般情况下，树木调集应遵循就近采购的原则，以满足土壤和气候生态条件的相对一致性。

（2）对从苗圃购入或从外地引种的树木，应要求供货方在树木上挂牌、列出种名，必要时提供树木原产地及主要栽培特点等相关资料，以便了解树木的生长特性。

（3）加强植物检疫，杜绝重大病虫害的蔓延和扩散，特别是从外省市或境外引进树木，更应注意树木检疫、消毒。

二、树木起挖

树木挖掘前先将蓬散的树冠捆扎收紧，既可保护树冠，也便于操作。

（一）裸根起挖

1.移植养根

经移植养根的树木挖掘过程中所能携带的有效根系，水平分布幅度通常为主干直径的6～8倍；垂直分布深度，约为主干直径的4～6倍，一般多在60～80厘米，浅根系树种多在30～40厘米。

2.扦插苗木

绿篱用扦插苗木的挖掘，有效根系的携带量，通常为水平幅度20～30厘米，垂直深度15～20厘米。

3.野生和直播实生树

　　野生和直播实生树的有效根系分布范围，距主干较远，因此在计划挖掘前，应提前1～2年挖沟盘根，以培养可挖掘携带的有效根系，提高移栽成活率，如图3-2所示。

4.注意事项

　　（1）树木起出后要注意保持根部湿润，避免因风吹日晒而失水干枯，及时装运、种植。运距较远时，根系应打浆保护。

　　（2）对规格较大的树木，当挖掘到较粗的骨干根时，应用手锯锯断，并保持切口平整，坚决禁止用铁锹去硬铲。

　　（3）对有主根的树木，在最后切断时要做到操作干净利落，防止发生主根劈裂。

图3-2　裸根起挖后的树木

（二）带土球起挖

　　一般常绿树、名贵树和花灌木的起挖要带土球，土球直径不小于树干胸径的6～8倍，土球纵径通常为横径的2/3；灌木的土球直径约为冠幅的1/2～1/3，如图3-3所示。

图3-3 带土球起挖

（1）将树木周围无根生长的表层土壤铲去，在应带土球直径的外侧挖一条操作沟，沟深与土球高度相等，沟壁应垂直。

（2）遇到细根用铁锹斩断，胸径3厘米以上的粗根，则须用手锯断根，不能用锹斩，以免震裂土球。

（3）挖至规定深度，用锹将土球表面及周边修平，使土球上大下小呈苹果形，主根较深的树种土球呈倒卵形。

（4）土球的上表面，宜中部稍高、逐渐向外倾斜，其肩部应圆滑、不留棱角，包扎时比较牢固，扎绳不易滑脱。土球的下部直径一般不应超过土球直径的2/3。

（5）自上而下修整土球至一半高时，应逐渐向内缩小至规定的标准。

（6）用利铲从土球底部斜着向内切断主根，使土球与地底分开。

（7）在土球下部主根未切断前，不得扳动树干、硬推土球，以免土球破裂和根系裂损。如土球底部已松散，必须及时堵塞泥土或干草，并包扎紧实。

（三）土球包扎

带土球的树木是否需要包扎，视土球大小、质地松紧及运输距离的远近而定（见图3-4）。土球的包扎方法，具体如表3-1所示。

图3-4 将带土球的树木包装好

表3-1　土球包扎方法

序号	方法	具体内容	备　注
1	扎腰箍	（1）土球修整完毕后，先用1～1.5厘米粗的草绳（若草绳较细时可并成双股）在土球的中上部打上若干道。 （2）扎腰箍应在土球挖至一半高度时进行，2人操作，1人将草绳在土球腰部位缠绕并拉紧，另1人用木槌轻轻拍打，令草绳略嵌入土球内以防松散。 （3）待整个土球挖好后再行扎缚，每圈草绳应按顺序一地道道紧密排列，不留空隙，不使重叠，到最后一圈时可将绳头压在该圈的下面，收紧后切断。 （4）腰箍扎好后，在腰箍以下由四周向泥球内侧铲土掏空，直至泥球底部中心尚有土球直径1/4左右的土连接时停止，开始扎花箍。 （5）花箍扎毕，最后切断主根	（1）草绳最好事先浸湿以增加韧性，草绳干后收缩，使土球扎得更紧。 （2）腰箍的圈数（即宽度）视土球的高度而定，一般为土球高度的1/3～1/4
2	扎花箍	（1）井字包扎法：先将草绳一端结在腰箍或主干上，然后按照次序包扎，绕过土球的底部，重复包扎。 （2）五星包扎法：先将草绳一端结在腰箍或主干上，然后按照次序包扎，绕过土球的底部，包扎拉紧。 （3）橘子包扎法：先将草绳一端结在腰箍或主干上，再拉到土球边，依次序，由土球面拉到土球底，如此继续包扎拉紧，直到整个土球均被密实包扎	（1）运输距离较近、土壤又较黏重条件下，常用井字或五星包的扎式。 （2）比较贵重的树木，运输距离较远或土壤的沙性较大时，常用橘子包扎式。 （3）对名贵或规格特大的树木进行包扎，可以用两层、甚至三层包扎，里层可选用强度较大的麻绳
3	简易包扎	（1）对直径规格小于30厘米的土球，可采用简易包扎法。 （2）将一束稻草（或草片）摊平，把土球放上，再由底向上翻包，然后在树干基部扎牢。 （3）在泥球径向用草绳扎几道后，再在泥球中部横向扎一道，将径向草绳固定即可	用编织布和塑料薄膜为扎材的，但栽植时需将其解除

三、装运

（一）树木装卸

1.装车前

对树冠进行必要整理，如疏除部分过于展开妨碍运输的枝干，松散的树冠要收拢捆扎等。

2.装车时

（1）对带土球的树木要将土球稳定（可用松软的草包等物衬垫），以免在运输途中因颠簸而滚动。

（2）土质较松散、土球易破损的树木，则不要叠层堆放。

（3）树体枝干靠着挡车板的，其间要用草包等软材作衬垫，防止车辆运行中因摇晃而磨损树皮。

（4）树木全部装车后，要用绳索最后绑扎固定，防止运输途中的相互摩擦碰撞和意外散落。

3.装卸时

一定要做到依次进行，小心轻放，不要在装卸过程中乱堆乱扔。

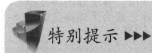 特别提示 ▶▶▶

运距较远的露根苗，为了减少树体的水分蒸发，车装好后应用苫布覆盖。对根部特别要加以保护，保持根部湿润。必要时，可定时对根部喷水。

（二）包装运输

运距较远或有特殊要求的树木，运输时宜用包装，包装方法具体如表3-2所示。

表3-2　包装方法

序号	方法	适用范围	具体内容	备　注
1	卷包	规格较小的裸根树木远途运输	（1）将枝梢向外、根部向内，并互相错行重叠摆放，以蒲包片或草席等为包装材料。 （2）用湿润的苔藓或锯末填充树木根部空隙。 （3）将树木卷起捆好后，再用冷水浸渍卷包，然后启运	（1）卷包内的树木数量不可过多，选压不能过实。 （2）打包时必须捆扎得法，以免在运输中途散包造成树木损失。 （3）卷包打好后，用标签注明树种、数量，以及发运地点和收货单位地址等
2	装箱	（1）运距较远、运输条件较差。 （2）规格较小、树体需特殊保护的珍贵树木	（1）在定制好的木箱内，先铺好一层湿润苔藓或湿锯末。 （2）把待运送的树木分层放好，在每一层树木根部中间，需放湿润苔藓（或湿锯末等）以作保护。 （3）为了提高包装箱内保存湿度的能力，可在箱底铺以塑料薄膜	（1）不可为了多装树木而过分压紧挤实。 （2）苔藓不可过湿，以免腐烂发热

园林绿化养护从入门到精通

大树移栽过程中，必要时可使用起重机械进行吊装（见图3-5），装运时要防止树木损伤和土球松散。

图3-5　运用起重机械装运树木

四、假植

树木运到栽种地点后，因受场地、人工、时间等主客观因素而不能及时定植者，须先行假植。

（一）假植地点

假植地点，应选择靠近栽植地点、排水良好、阴凉背风处。

（二）假植方法

（1）开一条横沟，其深度和宽度可根据树木的高度来决定，一般为40～60厘米。将树木逐株单行挨紧斜排在沟内，倾斜角度可掌握在30～45度，使树梢向南倾斜。

（2）逐层覆土，将根部埋实。

（3）掩土完毕后，浇水保湿。

（三）注意事项

（1）经常注意检查，及时给树体补湿，发现积水要及时排除。

（2）假植的裸根树木在挖取种植前，如发现根部过干，应浸泡一次泥浆水后再植，以提高成活率。

（3）带土球树木的临时假植，也应尽量集中，树体直立，将土球垫稳、码严，周围用土培好。

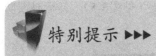

特别提示 ▶▶▶

如假植时间较长，同样应注意树冠适量喷水，以增加空气湿度，保持枝叶鲜挺。临时假植时间不宜过长，一般不超过1个月。

五、定植

（一）冠根修剪

1.落叶乔木

（1）对于较大的落叶乔木，尤其是生长势较强、容易抽出新枝的树种，如杨、柳、槐等，可进行强修剪，树冠可减少至1/2以上。

（2）具有明显主干的高大落叶乔木，应保持原有树形，适当疏枝，对保留的主侧枝应在健壮芽上短截，可剪去枝条的1/5～1/3。

（3）无明显主干、枝条茂密的落叶乔木，干径10厘米以上者，可疏枝保持原树形；干径为5～10厘米的，可选留主干上的几个侧枝，保持适宜树形进行短截。

2.常绿乔木

（1）枝条茂密具有圆头型树冠的常绿乔木可适量疏枝，枝叶集生树干顶部的树木可不修剪。

（2）具轮生侧枝的常绿乔木，用作行道树时，可剪除基部2～3层轮生侧枝。

（3）常绿针叶树，不宜多修剪，只剪除病虫枝、枯死枝、生长衰弱枝、过密的轮生枝和下垂枝。

（4）用作行道树的乔木，定干高度宜大于3米，第一分枝点以下枝条应全部剪除，分枝点以上枝条酌情疏剪或短截，并应保持树冠原型。

（5）珍贵树种的树冠，宜尽量保留，以少剪为宜。

3.花灌木及藤蔓树种

（1）带土球或湿润地区带宿土的裸根树木及上年花芽分化以完成的开花灌木，可不作修剪，仅对枯枝、病虫枝予以剪除。

（2）分枝明显、新枝着生花芽的小灌木，应顺其树势适当强剪，促生新枝，更新老枝。

（3）枝条茂密的大灌木，可适量疏枝。

（4）对嫁接灌木，应将接口以下砧木上萌生的枝条疏除。

（5）用作绿篱的灌木，可在种植后按设计要求整形修剪。

（6）在苗圃内已培育成型的绿篱，种植后应加以整修。

（7）攀缘类和藤蔓性树木，可对过长枝蔓进行短截。

（8）攀缘上架的树木，可疏除交错枝、横向生长枝。

4.落叶乔木非种植季节种植

（1）树木必须提前采取疏枝、环状断根或在适宜季节起苗用容器假植育根等处理。

（2）树木栽植时应进行强修剪，疏除部分侧枝，保留的侧枝也应短截，仅保留原树冠的1/3，修剪时剪口应平而光滑，并及时涂抹防腐剂，以防水分蒸腾、剪口冻伤及病虫危害。

（3）必须加大土球体积，可摘叶的应部分叶片，但不得伤害幼芽。

（4）裸根树木定植之前，还应对断裂根、病虫根和卷曲的过长根进行适当修剪。

（5）在定植前要将树洞做杀虫处理（见图3-6）。

图3-6 在定植前将树洞杀虫

（二）树木定植

1.树木定植的方法

（1）将混好肥料的表土，取一半填入坑中，培成丘状。裸根树木放入坑内时，一定要使根系均匀分布在坑底的土丘上，校正位置，使根颈部高于地面5～10厘米，珍贵树种或根系不完整的树木应采取根系喷布生根激素等措施。

（2）将另一半掺肥表土分层填入坑内，每填20～30厘米土踏实一次，并同时将树体稍稍上下提动，使根系与土壤密切接触。

（3）将新土填入植穴，直至填土略高于地表面。带土球树木必须踏实穴底土层，而后置入种植穴，填土踏实（见图3-7）。在假山或岩缝间种植，应在种植土中掺入苔藓、泥炭等保湿透气材料。绿篱成块状模纹群植时，应由中心向外顺序退植。坡式种植时应由上向下种植。大型块植或不同彩色丛植时，宜分区分块种植。

图3-7 带土球树木必须踏实穴底土层

2.树冠的朝向要求

（1）将树冠丰满完好的一面，朝向主要的观赏方向，如入口处或主行道。

（2）若树冠高低不匀，应将低冠面朝向主面，高冠面置于后向，使之有层次感。

（3）在行道树等规则式种植时，如树木高矮参差不齐、冠径大小不一，应预先排列种植顺序，形成一定的韵律或节奏，以提高观赏效果。

（4）如树木主干弯曲，应将弯曲面与行列方向一致，以作掩饰。

（5）对人员集散较多的广场、人行道，树木种植后，种植池应铺设透气护栅。

3.灌水

（1）树木定植后应在略大于种植穴直径的周围，筑成高10～15厘米的灌水土堰，堰应筑实不得漏水，如图3-8所示。

图3-8 树木定植

（2）新植树木应在当日浇透第一遍水，以后应根据土壤墒情及时补水。黏性土壤，宜适量浇水，根系不发达树种，浇水量宜较多；肉质根系树种，浇水量宜少。

（3）秋季种植的树木，浇足水后可封穴越冬。

（4）干旱地区或遇干旱天气时，应增加浇水次数，北方地区种植后浇水不少于三遍。干热风季节，宜在上午10时前和下午15时后，对新萌芽放叶的树冠喷雾补湿。

 特别提示 ▶▶▶

　　浇水时应防止因水流过急而冲裸露根系或冲毁围堰。浇水后如出现土壤沉陷、致使树木倾斜时，应及时扶正、培土。

（5）干旱地区或干旱季节，种植裸根树木应采取根部喷布生根激素、增加浇水次数及施用保水剂等措施（见图3-9）。

图3-9　给树浇水

（6）针叶树可在树冠喷布聚乙烯树脂等抗蒸腾剂。对排水不良的种植穴，可在穴底铺10～15厘米沙砾或铺设渗水管、盲沟，以利排水。

4.竹类定植

（1）填土分层压实时，靠近鞭芽处应轻压。

（2）栽种时不能摇动竹竿，以免竹蒂受伤脱落。

（3）栽植穴应用土填满，以防根部积水引起竹鞭腐烂。

（4）最后覆一层细土或铺草以减少水分蒸发。

（5）母竹断梢口用薄膜包裹，防止积水腐烂。

（三）树体裹干

常绿乔木和干径较大的落叶乔木，定植后需进行裹干，即用草绳、蒲包、苔藓等具有一定的保湿性和保温性的材料，严密包裹主干和比较粗壮的一、二级分枝，如图3-10所示。

图3-10　用草绳裹干树木

1. 裹干处理的作用

（1）避免强光直射和干风吹袭，减少干、枝的水分蒸腾。

（2）保存一定量的水分，使枝干经常保持湿润。

（3）调节枝干温度，减少夏季高温和冬季低温对枝干的伤害。

2. 附加塑料薄膜裹干

附加塑料薄膜裹干在树体休眠阶段使用效果较好，但在树体萌芽前应及时撤除。因为塑料薄膜透气性能差，不利于被包裹枝干的呼吸作用，尤其是高温季节，内部热量难以及时散发而引起的高温，会灼伤枝干、嫩芽或隐芽，对树体造成伤害。

（四）固定支撑

定植灌水后，因土壤松软沉降，树体极易发生倾斜倒伏现象，一经发现，需立即扶正。树木裹干并固定支撑后的情形如图3-11所示。

图3-11　树木裹干并固定支撑后的情形

（1）将树体根部背斜一侧的填土挖开，将树体扶正后还土踏实。

（2）对带土球树体，切不可强推猛拉、来回晃动，以致土球松裂，影响树体成活。

不同状态的树木固定支撑的方法不完全一样，具体如表3-3所示。

表3-3　不同状态的树木固定支撑的方法

序号	树木状态	固定支撑说明
1	新植树木	（1）下过一场透雨后，必须进行一次全面的检查，发现树体已经晃动的应紧土夯实； （2）树盘泥土下沉空缺的，应及时覆土填充，防止雨后积水引起烂根； （3）在树木成活前要经常检查，及时采取措施
2	已成活树木	（1）如发现有倾斜歪倒的，也要视情扶正，扶正时期以选择树体休眠期进行为宜； （2）若在生长期进行树体扶正，极易因根系断折引发水分代谢失衡，导致树体生长受阻、甚至死亡，必须按新植树的要求加强管理措施
3	胸径5厘米以上树木	（1）在栽植季节有大风的地区，植后应立支架固定，以防冠动根摇； （2）支架不能打在土球或骨干根系上
4	裸根树木	裸根树木栽植常采用标杆式支架，即在树干旁打一杆桩，用绳索将树干缚扎在杆桩上，缚扎位置宜在树高1/3或2/3处，支架与树干间应衬垫软物
5	带土球树木	带土球树木常采用扁担式支架，即在树木两侧各打入一杆桩，杆桩上端用一横担缚联，将树干缚扎在横担上完成固定三角桩或井字桩的固定作用最好，且有良好的装饰效果，在人流量较大的市区绿地中多用

（五）搭架遮荫

大规格树木移植初期或高温干燥季节栽植，要搭建荫棚遮荫。树木成活后，视生长情况和季节变化，逐步去除遮荫物。

1.乔、灌木树种

（1）乔、灌木树种，要求全冠遮荫，荫棚上方及四周与树冠保持30～50厘米间距，以保证棚内有一定的空气流动空间，防止树冠日灼危害。

（2）遮荫度为70%左右，让树体接受一定的散射光，以保证树体光合作用的进行。

2.低矮灌木

成片栽植的低矮灌木，可打地桩拉网遮荫，网高距树木顶部20厘米左右（见图3-12）。

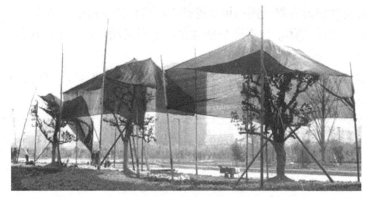

图 3-12　给树木搭架遮荫

第二节　根部覆盖

一、根部覆盖的作用和功能

根部覆盖可调节土壤温度，保护植物根部不受过高或过低温度的影响，还可减少地表水分的损失，并因减少了杂草滋生而能够减少绿化维护需要的时间和劳力。根部覆盖层最重要的功能是保墒，它既可让水分渗入而又能防止土壤被太阳晒干。

二、根部覆盖层的种类

根部覆盖层有许多种，包括有机的和无机的。一般建议用有机物，因为它最终会分解，并为土壤增添腐植土，从而可改善土壤的成分和结构。同时，选择覆盖物时要考虑许多因素，如材料来源、价格和外观。这可向本地的苗圃园或服务机构咨询，他们一般能提供建议，指出何种覆盖物适合。

三、根部覆盖的作业要求

（一）准备工作

（1）铺设覆盖层前应划定灌木坛和树圈的界限，边缘应经常维护，使景观保持清洁整齐。

（2）修剪边缘产生的垃圾应从场地清除。

（3）树圈应以树为中心，灌木坛边缘应保持光滑连续的线条。

（二）覆盖层的厚度及保持

对灌木坛和树圈进行根部覆盖，早春时铺5～8厘米厚（见图3-13）。以前留下的覆盖层如超过5厘米厚，应该在铺设新的覆盖层前对其进行清除或埋入土内。

覆盖层并不是越厚越好，太厚的覆盖层会阻止氧气进入土壤，使植物窒息。太厚的覆盖层还会让植物的根长到覆盖层里，使根部变浅，降低其抗旱能力，容易枯死。

盛夏季节应把覆盖层轻轻耙松，使不透水层破碎。在初秋时加一薄层，整个秋季都应使覆盖层保持在5厘米厚。

图3-13　新植树木根部有厚厚的覆盖层

第三节　树木灌溉与排水

水分是植物的基本组成部分，植物体重的40%～80%是由水分组成的，当土壤内水分含量为10%～15%时，地上部分停止生长，当土壤内含水量低于7%时，根系生长停止。水分过多则产生无氧呼吸，甚至死亡。所以，灌溉与排水是物业树木养护工作中的重要一环。

一、树木灌水与排水的原则

（一）不同气候、不同时期对灌排水的要求不同

不同气候、不同时期对灌排水的要求不同，如表3-4所示。

表3-4　不同季节的灌排水要求

序号	季节	灌排水的要求
1	春季	春季的雨贵如油时应灌水，梅雨时排水
2	夏季	夏季高温，干旱时灌水，暴雨时排水
3	秋季	秋季一般不灌水，秋旱无雨适当灌溉
4	冬季	冬季在上冻前灌封冻水

（二）不同树种，不同栽植年限对灌排水的要求不同

（1）不同树种对水分要求不同，不耐旱树种灌水次数要多些，耐旱性树种次数可少些，如刺槐、国槐、侧柏、松树等。

（2）新栽植的树木除连续灌三次水外，还必须连续灌水3～5年，以保证成活。

（3）排水也要及时，先排耐旱树种，后排耐淹树种，如柽柳、榔榆、垂柳、旱柳等均能耐3个月以上的深水淹浸。

（三）根据不同的土壤情况进行灌排水

沙土地易漏水，应"小水勤浇"，低洼地也要"小水勤浇"，而黏土保水力强可减少灌水量和次数，增加通气性。

（四）灌水应与施肥、土壤管理相结合

应在施肥前后灌水，灌水后进行中耕锄草松土做到"有草必锄、雨后必锄、灌水后必锄"。

二、灌水

（一）灌水的时期

灌水的时期可分为休眠期灌水和生长期灌水两种。

1.休眠期灌水

秋末冬初灌"冻水"，提高树木越冬能力，也可防止早春干旱，对幼年树木更为重要。早春灌水使树木健壮生长，是花果繁茂的关键。

2.生长期灌水

生长期灌水的要求如表3-5所示。

在北方一般年份，全年灌水6次。应安排在3月、4月、5月、6月、9月、11月各1次。干旱年份和土质不好或因缺水生长不良者应增加灌水次数。在西北干旱地区，灌水次数应更多一些。

表3-5　生长期灌水的要求

序号	期间	具体说明
1	花前灌水	萌芽后结合施花前肥进行灌水
2	花后灌水	花谢后半个月左右，是新梢生长旺盛期，水分不足会抑制新梢生长，此时缺水易引起大量落果
3	花芽分化期灌水	在新梢生长缓慢期或停止生长时，花芽开始分化，此时是果实迅速生长时期，如果水分不足则影响果实生长和花芽分化，所以在新梢生长停止前及时适量灌溉，可以促进春梢生长而抑制秋梢生长，有利于花芽分化及果实发育

（二）灌水量

灌水量与树种、土壤、气候条件、树体大小生长情况有关。

耐旱树种灌水量要少些，如松类。不耐旱树种灌水量要多些，如水杉、马褂木等。适宜灌水量以达土壤最大持水量的60%～80%为标准。大树灌水量以能渗透深达80～100厘米为宜。

（三）灌水方法与要求

1.灌水的方法

（1）人工浇水。移动灌水。

（2）地面灌水。畦灌、沟灌、漫灌。

（3）地下灌水。地下管道输水，水从孔眼渗出浸润周围土壤，也可安装滴灌。

（4）空中灌水。"喷灌"或人工降雨。由水泵、管道输水、喷头、水源四个部分组成。

2.灌水的顺序

灌水的顺序为：新栽植的树木→小苗→灌木→阔叶树→针叶树。

3.常用水源和引水方式

水源：河水、塘水、井水、自来水，也可利用生活污水或没有（不含）有害有毒物质的水。

引水方式：担水、水车运水、胶管引水、渠道引水和自动化管道引水。

4.质量要求

灌水堰在树冠垂直投影线下，浇水要均匀，水量足，浇后封堰，夏季早晚浇水，冬季在中午前后浇水（见图3-14）。

（四）灌水注意事项

（1）不论是自来水还是河道水或者是污水都可以用做灌溉水，但必须对植物无毒害作用。灌溉前先松土，灌溉后待水分渗入土壤，土表层稍干时，进行松土保墒。

图3-14　给树木灌水

（2）夏季灌溉应该选择在早晚进行，冬季应该在中午左右进行为宜。

（3）如果有条件可以适当加入薄肥一道灌溉，以提高树木的耐旱力。

💬 三、排水

（一）排水的必要性

土壤中的水分与空气是互为消长的。排水的作用是减少土壤中多余的水分，增加土壤空气的含量，促进土壤空气与大气的交流，提高土壤温度，激发好气性微生物活动，加快有机质的分解，改善树木营养状况，使土壤的理化性状全面改善。

（二）排水的条件

在有下列情况之一时，就需要进行排水。

（1）树木生长在低洼地，当降雨强度大时，汇集大量地表径流，且不能及时宣泄，而形成季节性涝湿地。

（2）土壤结构不良，渗水性差，特别是土壤下面有坚实的不透水层，阻止水分下渗，形成过高的假地下水位。

（3）园林绿地临近江河湖海，地下水位高或雨季易遭淹没，形成周期性的土壤过湿。

（4）平原与山地城市，在洪水季节有可能因排水不畅，形成大量积水，或造成山洪爆发。

（5）在一些盐碱地区，土壤下层含盐量高，不及时排水洗盐，盐分会随水的上升而到达表层，造成土壤次生盐渍化，对树木生长很不利。

（三）排水的方法

应该说，园林绿地的排水是一项专业性基础工程，在园林规划及土建施工时就应统筹安排，建好畅通的排水系统。园林树木的排水通常有以下三种方法，如表3-6所示。

表3-6　排水的方法

序号	方　法	具体说明
1	地表径流	地表径流是指将地面整成一定的坡度，坡度常在0.1%～0.3%，保证雨水能从地表顺畅排走。这是绿地最常用的排涝方法
2	明沟排水	明沟排水是指在地表挖明沟将低洼处的水引到出水处。此法用于大雨后抢排积水；或地势高低不平不易实现地表径流的绿地，沟宽窄视水情而定，沟底坡度在0.2%～0.5%
3	暗沟排水	暗沟排水是指在地下埋设管道或砌筑暗沟，将低洼处的积水引出。此法可保证地表整洁，便于交通，但造价高

第四节　杂草防治

种植花草树木的地方都不允许滋生杂草。如有杂草，应该人工拔掉。在铺覆盖层前喷施一次出苗前除草剂，以减少野草生长。

一、松土除草

（1）夏季更有必要进行松土除草，此时杂草生长很快，同时土壤干燥、坚硬，浇水不易渗入土中。

（2）树盘附近的杂草，特别是蔓藤植物，严重影响树木生长，更要及时铲除。

（3）松土除草，从4月开始，一直到9、10月为止。在生长旺季可结合松土进行除草，一般20～30天一次。

（4）除草深度以掌握在3～5厘米为宜，可将除下的枯草覆盖在树干周围的土面上，以降低土壤辐射热，有较好的保墒作用。

二、化学除草

（一）防除春草

春季主要除多年生禾本科宿根杂草，每亩可用10%草甘磷0.5～1.5千克，加水40～60千克喷雾（用机动喷雾器时可适当增加用水量）。灭除马唐草等一年生杂草，可选用25%敌草隆0.75千克，加水40～50千克，作茎叶或土壤处理。

（二）防除夏草

每亩用10%草甘磷500克或50%扑草净500克或25%敌草隆500～750克，加水40～50千克喷雾，一般在杂草高15厘米以下时喷药或进行土壤处理。茅草较多的绿地，可选用10%草甘磷1.5千克/亩，加40%调节膦0.25千克，在茅草割除后的新生草株高50～80厘米时喷洒。

（三）注意事项

操作过程中，喷洒除草剂要均匀，不要触及树木新展开的嫩叶和萌动的幼芽。除草剂用量不得随意增加或减少，除草后应加强肥水和土壤管理，以免引起树体早衰。使用新型除草剂，应先行小面积试验后再扩大施用。

第五节 园林树木的整形修剪

修剪是指对乔灌木的某些器官，如芽、干、枝、叶、花、果、根等进行剪截、疏除或其他处理的具体操作。整形是指为提高园林植物观赏价值，按其习性或人为意愿而修整成为各种优美的形状与树姿。修剪是手段，整形是目的，两者紧密相关，统一于一定的栽培管理的要求下。在土、肥、水管理的基础上进行科学地修剪整形，是提高园林绿化水平的一项重要技术环节。

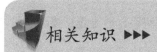

相关知识 ▶▶▶

乔木与灌木

乔木是指树身高大的树木，有一个直立主干，树干和树冠有明显区分、且高达6米以上的木本植物称为乔木，如松树、玉兰、白桦等。乔木分为落叶乔木和常绿乔木。

灌木是指那些主干低矮或没有明显的主干、呈丛生状态的树木，一般可分为观花、观果、观枝干等几类。常见灌木有玫瑰、杜鹃、牡丹、女贞、小檗、黄杨、沙地柏、铺地柏、连翘、迎春、月季等。

一、整形修剪的时期

从总体上看，一年中的任何时候都可对树木进行修剪，生产实践中应灵活掌握，但最佳时期的确定应至少满足以下两个条件：一是不影响园林植物的正常生长，减少营养徒耗，避免伤口感染。如抹芽、除蘖宜早不宜迟；核桃、葡萄等应在春季伤流期前修剪完毕等。二是不影响开花结果，不破坏原有冠形，不降低其观赏价值。

二、修剪的分类

（一）休眠期修剪（冬季修剪）

落叶树从落叶开始至春季萌发前，树木生长停滞，树体内营养物质大都回归根部贮藏，修剪后养分损失最少，且修剪的伤口不易被细菌感染腐烂，对树木生长影响较小，大部分树木的修剪工作在此时间内进行。

冬季修剪对树冠构成，枝梢生长、花果枝的形成等有重要作用，一般采用截、疏、放等修剪方法。

凡剪后易成伤流（剪除枝条后，从剪口流出液汁叫伤流）的，如葡萄必须在落叶后防寒前修剪，核桃、枫杨、元宝枫等在10月落叶前修剪为宜。

（二）生长期修剪

在植物的生长期进行修剪。此期花木枝叶茂盛，影响到树体内部通风和采光，因此需要进行修剪。一般采用抹芽、除蘖、摘心、环剥、扭梢、曲枝、疏剪等修剪方法。

 相关知识 ▶▶▶

有关树木结构的术语

序号	术语	具体说明
1	主干	主干俗称树干。指树木分枝以下的部分，即从地面开始到第一分枝为止的一段茎。丛生性灌木没有主干（主干在林业上称为枝下高）
2	中干	中干是指树木在分枝处以上主干的延伸部分。在中干上分布有树木的各种主枝。中干及中央主干明显的，其顶端枝梢部分称为主梢（顶梢）
3	主枝	主枝是由中干上萌发形成的枝条。从中央主干干上分出的枝条称为次级主枝或副主枝
4	侧枝	侧枝是从主枝上分生出的枝条。从主枝延长枝上分出的枝条称为次级侧枝或副侧枝
5	小侧枝	小侧枝是从侧枝上分生出的枝条
6	主枝延长枝	主枝延长枝是主枝的延伸，即由主枝的顶芽或茎尖形成的枝条

序号	术 语	具体说明
7	侧枝延长枝	侧枝延长枝是侧枝的延伸，即由侧枝的顶芽或茎尖形成的枝条
8	长枝、短枝	长枝、短枝是以节间长短而言的不同枝条名称，从功能上说，长枝一般以营养生长为主，短枝一般是开花结果的部位
9	营养枝	营养枝也称为生长枝。是以生长为主的枝条，担当了光合作用的重要角色，对叶木类树种进行修剪时，是修剪的主体。营养枝是个大概念，其中生长旺盛，又能开花结果的称为"发育枝"；生长过旺，节间较长，组织不充实的称为"徒长枝"（在一般情况下徒长枝是没有用处的，只有在特殊情况下才加以利用）；生长不良，短而细弱的，称为"纤弱枝"（常处于冠内或冠下因缺少阳光雨露而生长不良，短而细弱、皮色暗、叶小毛多）；较细长，开支角较大，不会影响树形，临时性过渡的，称抚养枝
10	花枝 （即开花枝）	花枝是指能开花结果的枝条（果树上称结果枝）
11	开花母枝	开花母枝是指生花枝的枝条（果树上称结果母枝）。这种枝条一般能长期发挥作用，在对花木类树种进行修剪时通常进行保留
12	萌蘖枝	萌蘖枝通常是由潜伏芽、不定芽萌发形成的新枝条，包括根颈部萌生的"茎蘖"，根系萌生的"根蘖"，砧木上萌生的"砧蘖"以及多余的新梢
13	枝条年龄	（1）一年生枝：枝条从形成开始，到第二年该枝条上的芽萌发前为止。 （2）两年生枝：一年生枝上的芽萌发以后，其本身则称为"两年生枝" （3）三年生枝及多年生枝：两年枝再过一年则称"三年生枝"，以此类推。通常把三年以上的枝条统称为"多年生枝"
14	带头枝	带头枝是指在一个枝组中，往往是中间的延长枝或近顶部的一个分枝特别健壮，标志着这个枝组的生长势和生长方向，称"带头枝"，更换带头枝和延长枝的修剪称为"换头"
15	新梢类型	新梢也是枝条。按生长季节来区分，通常笼统地把春季萌发的新梢称为"春梢"；夏季萌发的称为"夏梢"；秋季萌发的称为"秋梢"，个别树还有冬梢
16	盲节	盲节是指一年中新梢顶端于不同季节的延伸生长，在两次生长的交接处（如春梢与秋梢），会形成一个类似"节"的部分，这个部位上的芽一般是瘪芽或无芽，故称为"盲节"。盲节不是真正的节，但它在树木营养繁殖和局部修剪时具有十分重要的意义
17	芽的类型	从芽的位置来说，可分为"不定芽"和"定芽"。不定芽没有固定的位置，即使在植物的根甚至茎叶上也有不定芽。定芽的位置相对固定，在枝条顶端的芽称"顶芽"；在枝条节上叶腋内的芽称"腋（侧）芽"
18	芽的性质	从芽的性质来说，芽萌发后形成枝条和叶的称"叶芽"；芽萌发后形成花或花序的称"花芽"（或纯"花芽"）；芽萌发后既有枝叶又有花的称"混合芽"

园林绿化养护从入门到精通

序号	术 语	具体说明
19	芽的熟性	早熟性芽（芽形成后在当年生长期内萌发）和晚熟性芽（芽形成后当年不萌发，第二年春季再萌发）
20	单芽和复芽	一个叶腋内的腋芽通常只有一个，这就叫"单芽"；如果一个叶腋内有2个以上同样方向的芽，则称为"复芽"。在一组复芽中，有主芽和"副芽"之分，主芽通常只有一个，萌芽力强；副芽的数量则不一定，萌芽力相对弱
21	芽的异质性	一个较长枝条上的腋芽，总是基部和梢部的质量较差，中部的质量较好（叶互生的树种最明显）。如果是一个中短枝，往往是上中部的芽质量好，基部的芽质量差。为了选择好剪口芽，修剪时一定要掌握芽的异质性这个特点
22	顶端优势	顶端优势是指在一个枝条上，一般都是顶芽发达，腋芽受到抑制，这就是顶端优势的表现
23	顶端优势下延	如果把一个枝条的顶芽（或茎尖）去掉，它会把其顶端优势转移给下面的第一个腋芽，依此类推。顶端优势下延的现象，说明除去枝条的顶端能加强分枝，这个规律在修剪上有十分重要的意义
24	萌芽力	萌芽力是指芽（定芽）的萌发形成春梢，已萌发的芽占原芽总数的比率称"萌芽力"，又称萌芽率。没有萌发的芽有的逐渐消亡，有的成为"潜伏芽"（隐芽）
25	成枝力	成枝力是指萌芽后长成"长枝"的能力。成枝力强的树种肯定生长旺盛
26	树木的干性	树木的干性即树木主干、中干的强弱和维持时间的长短。顶端优势和芽的异质性的共同作用，形成了树木的层性。干性强是乔木的共同特征
27	层性	层性是指各级分枝相对集中，形成枝条分布成层的现象，层性强对树木的通风透光有利
28	整形带	整形带是指苗木在定型时，要求成为下层主枝的发枝部位。对有主干的树木来说，整形带就是它主枝分枝的起始点
29	方位角	方位角是指主枝以中干为圆心，向圆的水平方向展开，两个相邻主枝之间的水平角
30	开张角（开枝角）	开张角是指主枝斜向生长，与中干间形成的夹角。需要角度大的分枝，就尽量留母枝基部的芽，需要角度小的分枝，就尽量靠近母枝梢部的芽
31	枝距	枝距是指中干上着生的相邻两个主枝之间的垂直距离
32	层距	层距是指主枝有层次的乔木，其上下两层主枝在中干上的垂直距离。层距是判断整株树木分层是否合理的依据
33	层带	层带是指主枝有层次的乔木，在同一层主枝间，最下一个主枝到最上一个主枝在中干上的垂直距离。层带是判断同一层次中各主枝的枝距是否合理的依据

第三章 园林树木的养护与管理

三、修剪工具

不同的树木应用的修剪工具是不一样的，如表3-7所示。

表3-7 不同的树木应用的修剪工具

序号	类别	修剪工具
1	乔木	乔木的修剪工具有：高枝剪、高枝锯、截枝剪、截锯、小枝剪、人字梯、手套、牵引绳索、斗车、警示牌安全带、安全绳、安全帽、工作服、胶鞋等
2	灌木	灌木的修剪工具有：绿篱机、绿篱剪、小枝剪、手套、扫把、垃圾铲、斗车、垃圾袋、警示牌等

四、修剪程序

应严格按照"一知、二看、三剪、四检查、五处理"的修剪程序进行，如图3-15所示。

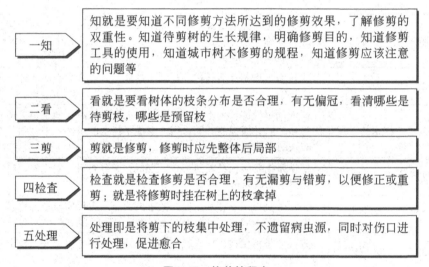

一知　知就是要知道不同修剪方法所达到的修剪效果，了解修剪的双重性。知道待剪树的生长规律，明确修剪目的，知道修剪工具的使用，知道城市树木修剪的规程，知道修剪应该注意的问题等

二看　看就是要看树体的枝条分布是否合理，有无偏冠，看清哪些是待剪枝，哪些是预留枝

三剪　剪就是修剪，修剪时应先整体后局部

四检查　检查就是检查修剪是否合理，有无漏剪与错剪，以便修正或重剪；就是将修剪时挂在树上的枝拿掉

五处理　处理即是将剪下的枝集中处理，不遗留病虫源，同时对伤口进行处理，促进愈合

图3-15 修剪的程序

五、修剪的方法

归纳起来，修剪的基本方法有"截、疏、伤、变、放"五种，实践中应根据修剪对象的实际情况灵活运用。

（一）截

截是将乔灌木的新梢、一年生或多年生枝条的一部分剪去，以刺激剪口下的侧芽萌发，抽发新梢，增加枝条数量，多发叶多开花。它是乔灌木修剪整形最常用的方法。

下列情况要用"截"的方法进行修剪。

（1）规则式或特定式的修剪整形，常用短剪进行造型及保持冠形。

（2）为使观花观果植物多发枝以增加花果量时。

（3）冠内枝条分布及结构不理想，要调整枝条的密度比例，改变枝条生长方向及夹角时。

（4）需重新形成树冠。

（5）老树复壮。

（二）疏

疏又称疏剪或疏删，即把枝条从分枝点基部全部剪去。疏剪主要是疏去膛内过密枝，减少树冠内枝条的数量，调节枝条均匀分布，为树冠创造良好的通风透光条件，减少病虫害，增加同化作用产物，使枝叶生长健壮，有利于花芽分化和开花结果。

1.疏的要求

疏的要求为落叶乔木疏枝时，剪锯口应与着生枝平齐，不留枯桩。为灌木疏枝，要齐地皮截断。为常绿树疏除大枝时，要留1～2厘米的小桩子，不可齐着生长枝剪平。

2.疏剪的对象

疏剪的对象主要是病虫枝、伤残枝、干枯枝、内膛过密枝、衰老下垂枝、重叠枝、并生枝、交叉枝及干扰树形的竞争枝、徒长枝、根蘖枝等。

3.疏剪的强度

疏剪的强度可分为轻疏（疏枝量占全树枝条的10%或以下）、中疏（疏枝量占全树的10%～20%）、重疏（疏枝量占全树的20%以上）。疏剪强度依植物的种类、生长势和年龄而定。

（1）萌芽力和成枝都很强的植物，疏剪的强度可大些。

（2）萌芽力和成枝力较弱的植物，少疏枝，如雪松、梧桐等应控制疏剪的强度或尽量不疏枝。

（3）幼树一般轻疏或不疏，以促进树冠迅速扩大成形。

（4）花灌木类宜轻疏以提早形成花芽开花。

（5）成年树生长与开花进入旺盛期，为调节营养生长与生殖生长的平衡，适当中疏。

（6）衰老期的植物，枝条有限，疏剪时要小心，只能疏去必须要疏除的枝条。

（三）伤

伤是用各种方法损伤枝条，以缓和树势、削弱受伤枝条的生长势。如环剥、刻伤、扭梢、折梢等。伤主要是在植物的生长季进行，对植株整体的生长不影响，如表3-8所示。

表3-8　伤的种类

序号	种类	具体说明
1	目伤	目伤是指在芽或枝的上方或下方进行刻伤，伤口形状似眼睛所以称为目伤。伤的深度达木质部。若在芽或枝的上方切刻，由于养分和水分受切口的阻隔而集中该芽或枝上，可使生长势加强；若在芽或枝的下方切刻，则生长势减弱，但由于有机营养物质的积累，有利于花芽分化
2	横伤	横伤是指对树干或粗大主枝横砍数刀，深及木质部。阻止有机养分下运，促进花芽分化，促进开花结实，达到丰产的目的
3	纵伤	纵伤是指在枝干上用刀纵切，深及木质部。主要目的是减少树皮的束缚力，有利于枝条的加粗生长。小枝可行一条纵伤，粗枝可纵伤数条

（四）变

改变枝条生长方向，控制枝条生长势的方法称为变。如用曲枝、拉枝、抬枝等方法，将直立或空间位置不理想的枝条，引向水平或其他方向，可以加大枝条开张角度，使顶端优势转位、加强或削弱。

（五）放

放又称缓放、甩放或长放，即对一年生枝条不作任何短截，任其自然生长。利用单枝生长势逐年减弱的特点，对部分长势中等的枝条长放不剪，下部易发生中、短枝，停止生长早，同化面积大，光合产物多，有利于花芽形成。

（1）幼树、旺树，常以长放缓和树势，促进提早开花、结果。

（2）长放用于中庸树、平生枝、斜生枝效果更好，但对幼树骨干枝的延长枝或背生枝、徒长枝不能长放。

（3）弱树也不宜多用长放。

💬 六、修剪需注意的问题

（一）剪口与剪口芽

（1）剪口太平坦或者斜面太大。短截的剪口要平滑，呈45度角的斜面；疏剪的剪口，将分支点剪去，与树干平，不留残桩。

（2）芽上部留得过长。从剪口芽的对侧下剪，斜面上方与剪口芽尖相平，斜面最底部与芽基相平，这样剪口的面小，容易愈合，芽萌发后生长快。

（3）剪口芽方向相反。剪口芽的方向、质量，决定新梢的生长方向和枝条的生长方向。选择剪口芽的方向应从树冠内枝条的分布状况和期望新枝长势的强弱来考虑，需要向外扩张树冠时，剪口芽应留在枝条外侧，如遇填补内膛空虚，剪口芽方向应朝内，对于生长过快的枝条，为抑制其生长，以弱芽当剪口芽，复壮弱枝时选择饱满的壮芽作为剪口芽。

（二）大枝的剪除

（1）将枯枝或无用的老枝、病虫枝等全部剪除时，为了尽量缩小伤口，用自分枝点的上部斜向下部剪下，伤口不大，很易愈合。

（2）回缩多年生大枝时，往往会萌生徒长枝，为了防止徒长枝大量抽生，可先行疏枝和重短截。

（3）如果多年生枝较粗，必须用锯子锯除，可先从下方浅锯伤，再从上方锯下。

（三）剪口的保护

若剪枝或截干造成剪口创伤面大，应用锋利的刀削平伤口，用硫酸铜溶液消毒，再涂保护剂，以防止伤口由于日晒雨淋、病菌入侵而腐烂。常用的保护剂有以下两种，如表3-9所示。

表3-9　常用的剪口保护剂

序号	种　类	操作说明
1	保护蜡	保护蜡是用松香、黄蜡、动物油按5：3：1比例熬制而成。熬制时先将动物油放入锅中用温火加热，再加松香和黄蜡，不断搅拌至全部溶化即可。由于冷却后会凝固，涂抹前需要加热
2	豆油铜素剂	豆油铜素剂是用豆油、硫酸铜、熟石灰按1：1：1比例制成。配制时先将硫酸铜、熟石灰研成粉末，将豆油倒入锅内煮至沸腾，再将硫酸铜与熟石灰加入油中搅拌，冷却后即可使用

（四）注意安全

操作人员上树修剪时，所有用具、机械必须灵活、牢固，防止发生事故。修剪行道树时注意高压线路，并防止锯落的大枝砸伤行人与车辆。

（五）职业道德

（1）修剪工具应锋利，修剪时不能造成树皮撕裂、折枝断枝。

（2）修剪病枝的工具，要用硫酸铜消毒后再修剪其他枝条，以防交叉感染。

（3）修剪下的枝条应及时收集，有的可作插穗、接穗备用，病虫枝则需堆积烧毁。

（六）冬剪要掌握火候

原则上一些徒长枝、交叉枝和重叠枝都应去除，但实际处理中还要视具体树种和树势酌情处理。如：白玉兰、西府海棠等树种，其萌芽力与成枝力都弱，长枝少，平行枝多，并易生徒长枝，但冬剪时一般不做疏除处理而用开角或拉枝等方式来改造树形，以达到早冠、多花、多果的目的。盲目剪去会严重削弱树势，造成冠部空虚，并在短时间内很难恢复。

七、行道树的修剪

（一）修剪的基本要求

（1）整体效果，树冠整齐美观，分枝匀称，通风透光。

（2）树高10～17米，冠/高比为1/2，最低分枝应在2米以上，下缘线1.8～2.5米。不影响高压线、路灯、交通指示牌。

（二）行道树修剪安排

从5月份起，生长期每月修剪一次。冬末春初可进行一次重剪。

（三）行道树的几种造型

1.杯状形的修剪

杯状形行道树具有典型的三叉六股十二枝的冠形，主干高在2.5～4米（见图3-16）。整形工作是在定植后5～6年内完成，悬铃木常用此树形。

骨架完成后，树冠扩大很快，疏去密生枝、直立枝，促发侧生枝，内膛枝可适当保留，增加遮荫效果。上方有架空线路，勿使枝与线路触及，按规定保持一定距离。一般电话线为0.5米，高压线为1米以上。近建筑物一侧的行道树，为防止枝条扫瓦、堵门、堵窗，影响室内采光和安全，应随时对过长枝条进行短截修剪。

生长期内要经常进行抹芽，抹芽时不要扯伤树皮，不留残枝。冬季修剪时把交叉枝、并生枝、下垂枝、枯枝、伤残枝及背上直立枝等截除。

图3-16　杯状形的行道树

2.自然开心形的修剪

由杯状形改进而来，无中心主干，中心不空，但分枝较低。定植时，将主干留3米或者截干，春季发芽后，选留3～5个位于不同方向、分布均匀的侧枝行短剪，促枝条长成主枝，其余全部抹去。生长季注意将主枝上的芽抹去，只留3～5个方向合适、分布均匀的侧枝。来年萌发后选留侧枝，全部共留6～10个，使其向四方斜生，并行短截，促发次级侧枝，使冠形丰满、匀称。自然开心形的行道树如图3-17所示。

图3-17　自然开心形的行道树

3.自然式冠形的修剪

在不妨碍交通和其他公用设施的情况下，树木有任意生长的条件时，行道树多采用自然式冠形，如尖塔形、卵圆形、扁圆形等。

有中央主干枝行道树，如杨树、水杉、侧柏、金钱松、雪松等，分枝点的高度按树种特性及树木规格而定，栽培中要保护顶芽向上生长。郊区多用高大树木，分枝点在4～6米以上。主干顶端如损伤，应选择一直立向上生长的枝条或壮芽处短剪，并把其下部的侧芽打去，抽出直立枝条代替，避免形成多头现象。

无中央主干枝行道树，如榆树等，在树冠下部留5～6个主枝，各层主枝间距要短，以利于自然长成卵圆形或扁圆形的树冠。每年修剪密生枝、枯死枝等。

八、灌木的修剪

（一）灌木的养护修剪要求

（1）应使丛生大枝均衡生长，使植株保持内高外低、自然丰满的圆球形。

（2）定植年代较长的灌木，如灌丛中老枝过多时，应有计划地分批疏除老枝，培养新枝。但对一些为特殊需要培养成高干的大型灌木，或茎干生花的灌木（如紫荆等）均不在此列。

（3）经常短截突出灌丛外的徒长枝，使灌丛保持整齐均衡，但对一些具拱形枝的树种（如连翘等），所萌生的长枝则例外。

（4）植株上不作留种用的残花废果，应尽量及早剪去，以免消耗养分。

（二）灌木的分类及修剪要求

按照树种的生长发育习性，可分为如表3-10所述的几类。

表3-10　灌木的分类及修剪要求

序号	分　类	修剪要求
1	先开花后发叶的种类	先开花后发叶的种类是指可在春季开花后修剪老枝并保持理想树形。用重剪进行枝条更新，用轻剪维持树形。对于连翘、迎春等具有拱形枝的树种，可将老枝重剪，促使萌发强壮的新枝，充分发挥其树姿特点
2	花开在当年新梢的种类	花开在当年新梢的种类是指在当年新梢上开花的灌木应在休眠期修剪。一般可重剪使新梢强健，促进开花。对于一年多次开花的灌木，除休眠期重剪老枝外，应在花后短截新梢，改善下次开花的数量和质量
3	观赏枝叶的种类	观赏枝叶的种类是指最鲜艳的部位主要在嫩叶和新叶上，每年冬季或早春宜重剪，促使萌发更健壮的枝叶，应注意删剪失去观赏价值的老枝
4	常绿阔叶类	常绿阔叶类灌木生长比较慢，枝叶匀称而紧密，新梢生长均源于顶芽，形成圆顶式的树形。因此，修剪量要小。轻剪在早春生长以前，较重修剪在花开以后。速生的常绿阔叶灌木，可像落叶灌木一样重剪。观形类以短截为主，促进侧芽萌发，形成丰满的树形，适当疏枝，以保持内膛枝充实。观果的浆果类灌木，修剪可推迟到早春萌芽前进行，尽量发挥其观果的观赏价值
5	灌木的更新	灌木更新可分为逐年疏干和一次平茬。逐年疏干即每年从地径以上去掉1～2根老干，促生新干，直至新干已满足树形要求时，将老干全部疏除。一次平茬多应用于萌发力强的树种，一次删除灌木丛所有主枝和主干，促使下部休眠芽萌发后，选留3～5个主干

九、绿篱的修剪

（一）不同形状绿篱的修剪

根据篱体形状和程度，可分为自然式和整形式等，自然式绿篱整形修剪程度不高，如表3-11所示。

表3-11　不同形状绿篱的修剪要求

序号	形　状	修剪要求
1	条带状	（1）这是最常用的方式，一般为直线形，根据园林设计要求，亦可采取曲线或几何图形。根据绿篱断面形状，可以是梯形、方形、圆顶形、柱形、球形等。此形式绿篱的整形修剪较简便，应注意防止下部光秃。 （2）绿篱定植后，按规定高度及形状，及时修剪，为促使其枝叶的

序号	形 状	修剪要求
1	条带状	生长最好将主尖截去1/3以上,剪口在规定高度5～10厘米以下,这样可以保证粗大的剪口不暴露,最后用大平剪绿篱修剪机,修剪表面枝叶,注意绿篱表面(顶部及两侧)必须剪平,修剪时高度一致,整齐划一,篱面与四壁要求平整,棱角分明,适时修剪,现缺株应及时补栽,以保证供观赏时已抽出新枝叶,生长丰满
2	拱门式	拱门式是指将木本植物制作成拱门,一般常用藤本植物,也可用枝条柔软的小乔木,拱门形成后,要经常修剪,保持既有的良好形状,并不影响行人通过
3	伞形树冠式	伞形树冠式的绿篱多栽于庭园四周栅栏式围墙内,先保留一段稍高于栅栏的主干,主枝从主干顶端横生,从而构成伞形树冠,在养护中应经常修剪主干顶端抽生的新枝和主干滋生的旁枝和根蘖
4	雕塑形	(1)选择枝条柔软、侧枝茂密、叶片细小又极耐修剪的树种,通过扭曲和蟠扎,按照一定的物体造型,由主枝和侧枝构成骨架,对细小侧枝通过绳索牵引等方法,使他们紧密抱合,或进行细微的修剪,剪成各种雕塑形状。 (2)制作时可用几株同树种不同高度的植株共同构成雕塑造型。 (3)在养护时要随时剪除破坏造型的新梢
5	图案式	(1)在栽植前,先设立支架或立柱,栽植后保留一根主干,在主干上培养出若干等距离生长均匀的侧枝,通过修剪或辅助措施,制造成各种图案 (2)也可以不设立支架,利用墙面进行制作

(二)绿篱的修剪时期

绿篱的修剪时期要根据树种来确定。绿篱栽植后,第一年可任其自然生长,使地上部和地下部充分生长,从第二年开始按确定的绿篱高度截顶,对条带状绿篱不论充分木质化的老枝还是幼嫩的新梢,凡超过标准高度的一律整齐剪掉。

1.常绿针叶树

常绿针叶树是在春末夏初完成第一次修剪;盛夏前多数树种已停止生长,树形可保持较长一段时间;立秋以后,如果水肥充足,会抽生秋梢并旺盛生长,可进行第二次修剪,使秋冬季都保持良好的树形。

2.阔叶树种

大多数阔叶树种生长期新梢都在生长,仅盛夏生长比较缓慢,春、夏、秋三季都可以修剪。

3.花灌木

花灌木栽植的绿篱最好在花谢后进行,既可防止大量结实和新梢徒长,又可促进花芽分化,为来年或下期开花创造条件。

为了在一年中始终保持规则式绿篱的理想树形,应随时根据生长情况,剪去突出于树形以外的新梢，以免扰乱树形，并使内膛小枝充实繁密生长，保持绿篱的体形丰满。

（三）老绿篱的更新复壮

大部分阔叶树种的萌发和再生能力都很强，当年老变形后，可采用平茬的方法更新，因有强大的根系，一年内就可长成绿篱的雏形，两年后就能恢复原貌；也可以通过老干逐年疏伐更新。大部分常绿针叶树种，再生能力较弱，不能采用平茬更新的方法，可以通过间伐，加大株行距，改造成非完全规整式绿篱，否则只能重栽，重新培养。

十、藤木类的整形修剪

在一般园林绿地中的藤木类常采用以下修剪方法，具体如表3-12所示。

表3-12　藤木类的整形修剪

序号	形状	修剪要求
1	棚架式	卷须类和缠绕类藤本植物常用于棚架式的修剪方式。在整形时，先在近地面处重剪，促使发生数枝强壮主蔓，引至棚架上，使侧蔓在架上均匀分布，形成荫棚。 像葡萄等果树需每年短截，选留一定数量的结果母株和预备枝；紫藤等不必年年修剪，隔数年剪除一次老弱病枯枝即可
2	凉廊式	凉廊式常用于卷须类和缠绕类藤本植物，偶尔也用吸附类植物。因凉廊侧面有隔架，勿将主蔓过早引至廊顶，以免空虚
3	篱垣式	篱垣式多用卷须类和缠绕类藤本植物。将侧蔓水平诱引后，对侧枝每年进行短截。葡萄常采用这种整形方式。侧蔓可以为一层，亦可为多层，即将第一层侧蔓水平诱引后，主蔓继续向上，形成第二层水平侧蔓，以至第三层，达到篱垣设计高度为止
4	附壁式	附壁式多用于墙体等垂直绿化，为避免下部空虚，修剪时应运用轻重结合，予以调整
5	直立式	直立式是指对于一些茎蔓粗壮的藤本，如紫藤等亦可整形成直立式，用于路边或草地中。多用短截，轻重结合

第六节　树木的施肥

植物需要不同数量和比例的养分以保持健康。在多数地区，即使土壤富含有机物，但仍需补充肥料。多数土壤往往某种养分不足，而其他养分又可能过剩。如前所述，需要的施肥量和养分比例应经过土壤试验后再确定。

一、施肥的季节

（1）灌木和平卧植物应在初春施肥。喜酸植物应施酸化肥料。

（2）落叶树和常绿树应在秋末落叶后施肥。

二、肥料的要求

肥料品种繁多，如表3-13所示。

表3-13　肥料种类

序号	分类依据	类别	具体说明
1	根据肥料提供植物养分的特性和营养成分	无机肥料	无机肥料分大量元素肥料（N、P、K）、中量元素肥料（Ca、Mg、Na、S）和微量元素肥料（Fe、Mn、Zn、Cu、Mo、B、Cl）。大量元素肥料又按其养分元素的多寡，分为单元肥料（仅含一种养分元素）和复合肥料（含两种或两种以上养分元素），前者如氮肥、磷肥和钾肥；后者如氮磷、氮钾和磷钾的二元复合肥以及氮磷钾三元复合肥
		有机肥料	有机肥料包括有机氮肥、合成有机氮肥等。中国习惯使用的有人畜禽粪尿、绿肥、厩肥、堆肥、沤肥和沼气肥等
		有机无机肥料	有机无机肥料即半有机肥料，是有机肥料与无机肥料通过机械混合或化学反应而成的肥料
2	按肥料物理状态划分	固体肥料	固体肥料又分为粉状和粒状肥料
		流体肥料	流体肥料是常温常压下呈液体状态的肥料
3	按肥料的化学性质		可按肥料的化学性质分为化学酸性、化学碱性和化学中性肥料
4	按肥料被植物选择吸收后对土壤反应的影响		按肥料被植物选择吸收后对土壤反应的影响可分为生理中性、生理碱性和生理酸性肥料
5	按肥料中养分对植物的有效性划分		按肥料中养分对植物的有效性划分可分为速效、迟效和长效肥料

表现萎黄症状（一种新旧枝叶全部变黄的现象）的乔木和灌木可根据需要施含螯合铁和其他微量营养素的肥料。状况不好的植物应施根部生长激素。叶面施肥后最好将土壤浇湿，以防产生植物毒性（烧落叶产生）。

三、肥料的施用技术

根据施肥方式，树木施肥可分为土壤施肥、根外施肥和灌溉施肥。

（一）土壤施肥

土壤施肥是大树人工施肥的主要方式，有机肥和多数无机肥（化肥）用土壤施肥的方式。土壤施肥应施入土表层以下，这样利于根系的吸收，也可以减少肥料的损失。有些化肥是易挥发性的；不埋入土中，损失很大。如碳酸氢铵，撒在地表面，土壤越干旱损失越大。硫酸铵试验，施入土表层以下1厘米、2厘米、3厘米，比施在土层表面减少的损失分别为36%、52%和60%。土壤施肥，可采用以下几种方法，如表3-14所示。

表3-14　土壤施肥的方法

序号	施肥方法	具体说明
1	环状（轮状）施肥	环状沟应开于树冠外缘投影下，施肥量大时沟可挖宽挖深一些。施肥后及时覆土。适于幼树，太密植的树不宜用
2	放射沟（辐射状）施肥	放射沟（辐射状）施肥是指由树冠下向外开沟，里面一端起自树冠外缘投影下稍内，外面一端延伸到树冠外缘投影以外。沟的条数4～8条，宽与深由肥料多少而定。施肥后覆土。这种施肥方法伤根少，能促进根系吸收，适于成年树，太密植的树也不宜用。第二年施肥时，沟的位置应错开
3	全圃施肥	全圃施肥是指先把肥料全园铺撒开，用耧耙与土混合或翻入土中。生草条件下，把肥撒在草上即可。全圃施肥后配合灌溉，效率高。这种方法施肥面积大，利于根系吸收，适于成年树、密植树
4	条沟施肥	条沟施肥是指苗圃树行间顺行向开沟，可开多条，随开沟随施肥，及时覆土。此法便于机械或畜力作业。国外许多苗圃用此法施肥，效率高，但要求果园地面平坦，条沟作业与流水方便

（二）根外施肥

包括枝干涂抹或喷施、枝干注射、叶面喷施。实际操作中以叶面喷施的方法最常用，根外施肥的方法如表3-15所示。

表3-15　根外施肥的方法

序号	施肥方法	具体说明
1	枝干涂抹或喷施	枝干涂抹或喷施适用于给树木补充铁、锌等微量元素，可与冬季树干涂白结合一起做，方法是白灰浆中加入硫酸亚铁或硫酸锌，浓度可以比叶面喷施高些。树皮可以吸收营养元素，但效率不高；经雨淋，树干上的肥料渐向树皮内渗入一些，或冲淋到树冠下土壤中，再经根系吸收一些
2	枝干注射	（1）可用高压喷药机加上改装的注射器，先向树干上打钻孔，再由注射器向树干中强力注射。用于注射硫酸亚铁（1%～4%）和螯合铁（0.05%～0.10%）防治缺铁症，同时加入硼酸、硫酸锌，也有效果。凡是缺微量元素均与土壤条件有关，在依靠土壤施肥效果不好的情况下，用树干注射效果佳

序号	施肥方法	具体说明
2	枝干注射	（2）用木工钻在树体的基部钻洞孔数个，孔向朝下与树干呈30度夹角，深至髓心为度。孔径应和输液插头的直径相匹配。一般钻孔1～4个。输液孔的水平分布要均匀，纵向错开，不宜处于同一垂直线方向
3	叶面喷施	（1）喷施部位。喷洒时要多注意叶片的两面都喷到，特别是叶背的吸收能力更强，喷量要多；以雾滴布满为宜。 （2）喷施时间与次数。叶面喷肥时间要选在阴天或晴天的早晚进行为好，避免高温或暴晒影响喷施效果。喷施次数以多次连续为宜。 （3）喷施的时间以早晨五六点钟天刚亮时为最好，此时空气湿度大，溶液被吸收，傍晚日落后也可。雨前不能喷施，强光暴晒和大风天气亦不宜进行。 （4）要把叶片正反两面全喷到。喷后要保持1小时左右的湿润，以使液肥被充分吸收。 （5）浓度要适合，浓度过大会引起叶面烧伤，甚至导致死亡。以较低浓度为好。 （6）一般每隔5～7天1次，连续3～4次后停止施1次，以后再连续喷施

图3-18是一些枝干注射的示例。

图3-18　枝干注射施肥

（三）灌溉施肥

灌溉施肥是将肥料通过灌溉系统（喷灌、微量灌溉、滴灌）进行树木施肥的一种方法。灌溉施肥须注意以下问题。

（1）喷头或滴灌头堵塞是灌溉施肥的一个重要问题，必须施用可溶性肥料。

（2）两种以上的肥料混合施用，必须防止相互间的化学作用，以免生成不溶性的化合物，如硝酸镁与磷、氨肥混用会生成不溶性的磷酸铵镁。

第三章　园林树木的养护与管理

123

（3）灌溉施肥用水的酸碱度以中性为宜，如碱性强的水能与磷反应生成不溶性的磷酸钙，会降低多种金属元素的有效性，严重影响施用效果。

四、追肥

在树木生长季节，根据需要施加速效肥，促使树木生长的措施，称施追肥（又称补肥）。

（一）追肥的方法

施肥的方法主要有如下两种。

（1）根施法。开沟或挖穴施在地表以下10厘米处，并结合灌水。

（2）根外追肥。将速效肥溶解于水喷洒在植物的茎叶上，使叶片吸收利用，可结合病虫防治喷施。

（二）追肥的施用技术

追肥的施用技术具体可概括为"四多、四少、四不和三忌"：

（1）四多。黄瘦多施，发芽前多施，孕蕾期多施，花后多施。

（2）四少。肥壮少施，发芽后少施，开花期少施，雨季少施。

（3）四不。徒长不施，新栽不施，盛暑不施，休眠不施。

（4）三忌。忌浓肥，忌热肥（指高温季节），忌坐肥。

第七节 病虫害防治

一、树体异常情况表现

（一）整株树体异常情况的表现

整株树体的分析，具体如表3-16所示。

表3-16　整株树体的分析

序号	现象	原因	具体表现
1	正在生长的树体或树体的一部分突然死亡	束根	束根是指叶片形小、稀少或褪色、枯萎，整冠或一侧树枝从顶端向基部死亡
		雷击	雷击是指树皮从树干上垂直剥落或完全分离（高树或在开阔地区生长的孤树）

序号	现象	原 因	具体表现
2	原先健康的树体生长逐渐衰弱，叶片变黄、脱落，个别芽枯萎	根系生长不良	根系生长不良是指梢细短，叶形变小，植株渐萎叶缘或脉间发黄，萌芽推迟
		根部线虫	根部线虫是指叶片形小、无光泽、早期脱落，嫩枝枯萎，树势衰弱
		根腐病	根腐病是指吸收根大量死亡，根部有成串的黑绳状真菌，根部腐烂
		空气污染	空气污染是指叶片变色，生长减缓
		光线不足	光线不足是指叶片稀少，色泽轻淡
		干旱缺水	干旱缺水是指叶缘或脉间发黄，叶片变黄，枯萎（干燥气候下）
		施水过量，排水不良	施水过量，排水不良是指全株叶片变黄、枯萎，根部发黑
		施肥过量	施肥过量是指施肥后叶缘褪色（干燥条件下）
		土壤pH值不适	土壤pH值不适是指叶片黄化失绿，树势减弱
		冬季冻伤	冬季冻伤是指常绿树叶片枯黄、嫩枝死亡，主干裂缝、树皮部分死亡
3	主干或主枝上有树脂、树液或虫孔	钻孔昆虫	钻孔昆虫是指主干上有树液（树脂）从孔洞中流出，树冠褪色，枝干上有钻孔，孔边有锯屑，枝干从顶端向基部死亡
		枯萎病	枯萎病是指嫩枝顶端向后弯曲，叶片呈火烧状
		腐朽病	腐朽病是指主干、枝干或根部有蘑菇状异物，叶片多斑点、枯萎
		癌肿病	癌肿病是指主干、嫩枝上有明显标记，通常呈凹陷、肿胀状，无光泽
		细胞癌肿病	细胞癌肿病是指主干或主枝上有白色树脂斑点，叶片变色并脱落（挪威枫和科罗拉多蓝杉）

（二）叶片异常情况及其表现

叶片出现异常情况，具体如表3-17所示。

表3-17 叶片出现异常情况

序号	病 因	具体表现
1	除草剂药害	除草剂药害是指叶片扭曲，叶缘粗糙，叶质变厚，纹理聚集，有清楚色带
2	蚜虫	蚜虫是指叶片变黄、卷曲，叶面上有黏状物，植株下方有黑色黏状区域

序号	病　因	具体表现
3	叶螨虫	叶螨虫是指颜色不正常，伴随有黄色斑点或棕色带
4	啮齿类昆虫	啮齿类昆虫是指叶片部分或整片缺失，叶片或枝干上可能有明显的蛛丝
5	卷叶昆虫	卷叶昆虫是指叶缘卷起，有蛛网状物
6	粉状霉菌	粉状霉菌是指叶片发白或表面有白色粉末状生长物
7	铁锈病	铁锈病是指叶表面呈现橘红色锈状斑，易被擦除，果实及嫩枝通常肿胀、变形
8	菌类叶斑	菌类叶斑是指叶片布有从小到大的碎斑点，尺寸、形状和颜色各异
9	炭疽病	炭疽病是指叶片具黑色斑点真菌体，边缘黑色或中心脱落成孔、有疤痕
10	白斑病	白斑病是指叶片有不规则死区
11	灰霉菌	灰霉菌是指叶片有茶灰色斑点，渐被生长物覆盖
12	黑霉菌	黑霉菌是指叶面斑点硬壳乌黑
13	花斑病毒	花斑病毒是指叶片呈现深绿或浅绿色、黄色斑纹，形成不规则的镶花式图案
14	环点病毒	环点病毒是指叶片上呈现黄绿色或红褐色的水印状环形物

二、防治病虫

对于病虫危害严重的单株，更应高度引进重视，采取果断措施，以免蔓延。修剪下来的病虫残枝，应集中处置，不要随意丢弃，以免造成再度传播污染。

（一）涂干法

（1）每年夏季，在树干距地面40～50厘米处，刮去8～10厘米宽的一圈老皮。将40%氧化乐果乳剂加等量水，配成1∶1的药液，涂抹在刮皮处，再用塑料膜包裹，对梨圆蚧的防治率达96%。

（2）在蚜虫发生初期，用40%氧化乐果（或乐果）乳油7份，加3份水配成药液，在树干上涂3～6厘米宽的环。如树皮粗糙，可先将翘皮刮去再涂药。涂后用废纸或塑料膜包好，对苹果绵蚜的防治效果很好。

（3）在介壳虫虫体膨大但尚未硬化或产卵时，先在树干距地面40厘米处刮去一圈宽10厘米的老皮，露白为止。然后将40%的氧化乐果乳剂稀释2～6倍，涂抹刮皮处，随即用塑料膜包好。涂药10日后杀虫率可达100%。

（4）二星叶蝉成、若虫发生期（8月份），在主干分枝处以下，剥去翘皮，均匀涂抹40%氧化乐果原液或5～10倍稀释液，形成药环。药环宽度为树干直径的1.5～2倍，涂药量以不流药液为宜。涂好后用塑料膜包严，4天后防效可达100%，有效期在50天以上。

（5）在成虫羽化初期，用甲胺磷10倍液或废机油、白涂剂等涂抹树干和大枝，可有效防止成虫蛀孔为害，并可兼治桑白蚧。

 特别提示 ▶▶▶

在使用农药原液进行刮皮涂干时，一定要考虑树木对农药的敏感性，以免树体产生药害。最好先进行试验，再大面积使用。如在用甲胺磷涂干防治梨二叉蚜时，原液涂干处理30天左右，会出现树叶边缘焦枯的轻微药害。

（二）树体注射（吊针）

（1）用木工钻与树干成45度夹角打孔，孔深6厘米左右，打孔部位在离地面10～20厘米之间。

（2）用注药器插入树干，将药液慢慢注入树体内，让药液随树体内液流到达树木的干、枝、叶部，使树木整体带药。

三、药害防止

（一）药害的发生原因

（1）药剂种类选择不当。如波尔多液含铜离子浓度较高，对幼嫩组织易产生药害。

（2）部分树种对某些农药品种过敏。有些树种性质特殊，即使在正常使用情况下，也易产生药害。如碧桃、寿桃、樱花等对敌敌畏敏感，桃、梅类对乐果敏感，桃、李类对波尔多液敏感等。

（3）在树体敏感期用药。各种树木的开花期是对农药最敏感的时期之一，用药要慎重。

（4）高温易产生药害。温度高时，树体吸收药剂较快，药剂随水分蒸腾很快在叶尖、叶缘集中，导致局部浓度过大而产生药害。

（5）浓度过高、用量过大。因病虫害抗性增强等原因而随意加大用药浓度、剂量，易产生药害。

（二）药害的防治措施

为防止园林树木出现药害，除针对上述原因采取相应措施预防发生外，对于已经出现药害的植株，可采用下列方法处理。

（1）根据用药方式如根施或叶喷的不同，分别采用清水冲根或叶面淋洗的办法，去处残留药剂，减轻药害。

（2）加强肥水管理，使之尽快恢复健康，消除或减轻药害造成的影响。

 第八节 树体的保护和修补

一、树体的保护和修补原则

贯彻"防重于治"的精神，尽量防止各种灾害的发生，做好宣传工作，对造成的伤口应尽早治，防止扩大。

二、树干伤口的治疗

对病、虫、冻、日灼或修剪造成的伤口，要用利刀刮干净削平，用硫酸铜或石硫合剂等药剂消毒，并涂保护剂铅油、接蜡等，如图3-19所示。

对风折枝干，应立即用绳索捆缚加固，然后消毒涂保护剂，再用铁丝箍加固。

图3-19　用树木伤口专用愈伤涂抹剂处理树木伤口

三、补树洞

伤口浸染腐烂造成孔洞，心腐会缩短寿命，应及时进行修补工作，方法如下。

（1）开放法。孔洞不深也不过大，清理伤口，改变洞形以利排水，涂保护剂。

（2）封闭法。树洞清理消毒后，以油灰（生石灰1份＋熟桐油0.35份）或水泥封闭外层加颜料做假树皮。

（3）填充法。树洞较大的可用水砂浆、石砾混合进行填充，洞口留排水面并做树皮（见图3-20）。

图3-20　树洞被修补好后，最后刷上一层和树皮差不多颜色的油漆

四、吊枝和顶枝

大树、老树树身倾斜不稳时，大枝下垂的应设立支柱撑好，连接处加软垫，以免损伤树皮，称为顶枝（见图3-21）。吊枝多用于果树上的瘦弱枝。

图3-21　顶枝

🗨 五、涂白

（一）涂白的目的

涂白的目的是防治病虫害和延迟树木萌芽，避免日灼危害。在日照、昼夜温差变化较大的大陆性气候地区，涂白可以减弱树木地上部分吸收太阳辐射热，从而延迟芽的萌动期。涂白会反射阳光，避免枝干湿度的局部增高，因而可有效预防日灼危害。此外，树干刷白，还可防治部分病虫害，如紫薇等的介壳虫、柳树的钻心虫、桃树的流胶病等。

（二）涂白剂的常用配方

涂白剂的常用配方是：水10份，生石灰3份，石硫合剂原液0.5份，食盐0.5份，油脂（动植物油均可）少许。配制时要先化开石灰，把油脂倒入后充分搅拌，再加水拌成石灰乳，最后放入石硫合剂及盐水即可。此外，为延长涂白期限，还可在混合液中添加黏着剂（如装饰建筑外墙所用的801胶水）。

（三）涂白的高度

一般为从植株的根颈部向上一直刷至1.1米处（见图3-22）。

图3-22　涂白

🗨 六、支撑

支撑是确保新植树木特别是大规格苗木成活和正常生长的重要措施，具体要求如下。

（1）选用坚固的木棍或竹竿（长度依所支树木的高矮而定，要统一、实用、美观），统一支撑方向，三根支柱中要有两根冲着西北方向，斜立于下风方向（见图3-23）。

（2）支柱下部埋入地下30厘米。

（3）支柱与树干用草绳或麻绳隔开，先在树干或支棍上饶几圈，再捆紧实。同时注意支柱与树干不能直接接触，否则会硌伤树皮（见图3-24）。

（4）高大乔木立拄应立于树高1/2处，一般树木应立于1/2～2/3处，使其真正起到支撑作用，不能过低，否则无效。

特别提示 ▶▶▶

浇水后或大风过后，要及时派人扶直被风吹斜或倒伏的树木，并重新设立支撑，防止第二次倒伏。

图3-23　用竹竿支撑

图3-24　支柱与树干用草绳或麻绳隔开

七、调整补缺

园林树木栽植后，因树木质量、栽植技术、养护措施及各种外界条件的影响，难免不会发生死树缺株的现象，对此应适时进行补植。

补植的树木在规格和形态上应与已成活株相协调，以免干扰设计景观效果。对已经死亡的植株，应认真调查研究，如土壤质地、树木习性、种植深浅、地下水位高低、病虫为害、有害气体、人为损伤或其他情况，分析原因，采取改进措施，再行补植。

第九节　树木冬季防冻害

冻害是指树木因受低温的伤害而使细胞组织受伤，甚至死亡的现象。

一、造成冻害的有关因素

造成树木冻害的因素如表3-18所示。

表3-18　造成树木冻害的因素

序号	因素	具体说明
1	抗冻性与树种、品种的关系	抗冻性与树种、品种的关系是指不同树种、品种抗冻力不一样，樟子松比油松抗冻，油松比马尾松抗冻，北方型树种比南方型树种抗冻
2	抗冻性与组织器官的关系	抗冻性与组织器官的关系是指同一树种不同器官，同一枝条不同组织对低温的忍耐力不同，叶芽形成层耐寒力最强，新梢、根颈、花芽抗寒力弱
3	抗冻性与枝条成熟度的关系	抗冻性与枝条成熟度的关系是指成熟度越高，耐寒性也越高，没有完全木质化的枝条易受冻害
4	抗冻性与枝条休眠的关系	抗冻性与枝条休眠的关系是指植株休眠越深，抗寒力愈强，反之则弱，早春萌芽早的树种易受倒春寒的危害
5	低温来临的状况与冻害的关系	低温来临的状况与冻害的关系是指逐渐降温，树体经过"抗寒锻炼"，组织熟化，增强抗性，突然降温，树体未经抗寒锻炼，易发生冻害。植物受低温影响后急剧回升比缓慢回升受害严重
6	与其他因素的关系	（1）地势、坡向、小气候差异大，南坡冻害比北坡大。（因温差大） （2）近水源比远离水源的冻害轻。（因水的热容量大） （3）实生苗比嫁接苗耐寒；结果多的比结果少的树易发生冻害；施肥不足比肥料足的树抗寒差，有病虫害的树木易受冻害

二、冻害的表现

冻害的表现如表3-19所示。

表3-19　冻害的表现

序号	部位	冻害的表现
1	芽	芽的冻害多发生在春季回暖时期，遇倒春寒而受冻害，受冻后内部变褐色，外表松散，不能萌发，干枯死亡
2	枝条	枝条在休眠期以形成层最抗寒，皮层次之，而木质部、髓部最不抗寒。随受冻程度加重，髓部木质部先后变色，严重冻害时韧皮部才受伤，如果形成层变色则枝条失去了恢复能力

序号	部 位	冻害的表现
3	枝权和基角	枝条的分权处和主枝基角部进入休眠较晚,遇到昼夜温差变化较大时易引起冻害。主枝与树干的基角愈小,枝权基角冻害也愈严重,受冻后皮层和形成层变褐色,干缩凹陷,有的树皮呈块状冻裂,有的顺主干冻裂或劈裂
4	主干	主干受冻后有的形成纵裂,称"冻裂"现象,树皮成块状脱离木质部或沿裂缝方向卷折。原因是由于气温突然降到零度以下,树皮迅速收缩,至使主干组织内外张力不均,而自外向内开裂,常发生在夜间,随着气温的变暖,冻裂处又可逐渐愈合
5	根颈和根系	(1)根颈停止生长最迟,进入休眠最晚,春季活动最早,休眠解除较早,如果温度骤然下降,根颈未能很好的抗寒锻炼,同时地表温度变化又剧烈,因而易引起根颈的冻害。根颈受冻后,树皮先变色,以后干枯,可发生在局部,也可能形成环状,根颈受冻害对植株危害很大 (2)根系无休眠期,较其他部分耐寒力差,但越冬期间根系活动明显减弱,故耐寒力较生长期略强。根系受冻后变褐色,皮部与木质部分离。一般粗根较细根耐寒力强,新栽的树或幼树根浅易受冻害,大树抗寒性强

三、冻害的防治措施

(一)贯彻适地适树的原则

使树木适应当地的气候条件,耐寒性强可减少越冬防寒的工作量。

(二)加强栽培管理,提高抗寒性

春季加强管理,增施水肥,促进营养积累,保证树体健壮生长发育,8月下旬增施K肥,及时排水,促进木质化,提早结束生长,进行抗寒锻炼。此外,在封冻前12月下旬灌一次封冻水,2月解冻后及时灌水能降低土温,推迟树系活动期,延迟花芽萌动,使之免受冻害。

(三)加强树体保护措施

树木冬季防寒防冻采用的措施主要是灌冻水、树枝除雪、卷干包草、树干刷白等。

1.灌冻水

在冬季土壤易冻结的地区,于土地封冻前,灌足一次水,称为"灌冻水"。对树木尤其是新栽植的树木灌1次水。灌后,在树木基部培土堆。这样既供应了树本身所需的水分,也提高了树的抗寒力。

2.树枝除雪

在下大雪期间或之后,应把树枝上的积雪及时打掉,以免雪压过久过重,使树枝弯垂，难以恢复原状，甚至折断或劈裂。尤其是枝叶茂密的常绿树，更应及时组织人员，持竿打雪，防雪压折树枝。对已结冰的枝，不能敲打，可任其不动；如结冰过重，可用竿支撑，待化冻后再拆除支架（见图3-25）。

图3-25　用竹竿清除树上积雪

3.卷干、包草

对于不耐寒的树木（尤其是新栽树以及一些从南方沿海地区引种的热带植物如海枣、蒲葵等），要用草绳道道紧接的卷干或用稻草包裹主干，用绳子将枝条收紧防寒，特别是对于当年刚种植的海枣、蒲葵等，则应将收紧的树冠用塑料薄膜包裹。此法防寒，应于春节过后拆除，不宜拖延（见图3-26、图3-27）。

图3-26　给树干包草防冻

图3-27　树冠用塑料薄膜包裹

4.树干刷白

其要求见本章第八节。

第四章
园林花卉栽植与养护

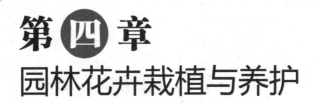

　　花卉是园林植物中的重要组成部分，是园林绿化中美化、香化的重要材料。花卉能够快速形成芳草如茵、花团锦簇、五彩缤纷、荷香拂水等优美的植物景观，给环境带来勃勃生机，产生使人心旷神怡、流连忘返的艺术效果。

1.了解园林花花卉的种类及花卉在园林绿化中的栽培方式。

2.了解花卉的肥料种类、营养土的配制方法。

3.掌握露地花卉栽植的要领及日常养护的要求。

4.掌握盆栽花卉栽植的要领及日常养护的要求。

5.了解花卉的常见病虫害，掌握病虫害的防治方法。

6.掌握园林花坛的布置方法。

第一节 园林花卉概述

狭义的花卉主要是指具有观赏价值的草本植物，或称之为草花。花卉植物种类繁多，性状各异。

一、园林花卉的分类

根据生态习性和在园林中的栽培应用方式，可将花卉植物分为露地花卉和温室花卉两大类。

（一）露地花卉

露地花卉能在自然条件下完成全部生长过程，不需要特殊防寒措施。这类花卉能直接地栽观赏，但为调节花期或提高开花质量时也常温室盆栽。根据生命周期的长短又可分为一、两年生花卉和多年生花卉。

1.一、两年生花卉

一、两年生花卉是指生命周期短，通常在一个或两个生长季内完成生活史的花卉植物，如翠菊、一串红、金盏菊、毛地黄、金鱼草、鸡冠花等。

2.多年生花卉

多年生花卉是指个体寿命超过两年，能多次开花结实的花卉，又包括宿根花卉和球根花卉。如菊、桔梗、剪秋罗、萱草、紫菀、荷包牡丹等。

（二）温室花卉

原产热带、亚热带及南方温暖的地区的花卉，在北方寒冷地区栽培须在温室内培养，或冬季在温室内越冬。这类花卉不能直接地栽观赏，只能盆栽，多为室内观赏或作切花。有些种类可于温暖季节摆放室外，冬季放回室内。通常可分为下面几类。

一两年生花卉，如瓜叶菊、报春花、四季报春、香豌豆、猴面花、山梗菜等。

1.多年生花卉

多年生花卉，如大花君子兰、鹤望兰、虎尾兰属、温室凤仙类、小苍兰、文殊兰等。

2.木本花卉

木本花卉，如一品红、变叶木、叶子花、瓶子花等。

3.兰科花卉

兰科花卉，如春兰、蕙兰、建兰、卡特兰、石斛等。

4.蕨类植物

蕨类植物，如铁线蕨、肾蕨、鹿角蕨、金毛狗等。

5.仙人掌及多浆植物

仙人掌及多浆植物，如金琥、仙人球、龙舌兰、玉米石等。

⬛ 二、花卉在园林绿化中的栽培

（一）花坛

花坛多用于广场及公园、机关单位、学校等观赏游憩地段和办公室教育场所，应用十分广泛。

主要采取规则式布置，有单独或连续带状及成群组合类型。

花坛内部组成的纹样多采用对称的图案，并要求保持鲜艳的色彩和整齐的轮廓。

一般选用植株低矮、生长整齐、花期集中、株形紧密、花或叶观赏价值高的种类，常选用一、两年生花卉或球根花卉。

植物的高度与形状，对花坛纹样与图案的表现效果有密切关系，如低矮而株丛较小的花卉，适合于表现平面图案的变化，可以显示出较细致的花纹。

花丛花坛以表现开花时整体效果为目的，展示不同花卉或品种的群体及其相互配合所形成的绚丽色彩与优美外貌，选用的花卉以花朵繁茂、色彩鲜艳的种类为主，如金鱼草、鸡冠花、一串红等。在配置时应注意陪衬种类要单一，花色要协调，每种花色相同的花卉布置成一块，不能混种在一起。

（二）花境

花境是模拟自然界中林地边缘地带多种野生花卉交错生长的状态，运用艺术手法设计的一种花卉应用形式，是一种半自然式的带状种植形式，以表现植物个体自然美和它们之间自然组合的群落美为主题。

花境中各种花卉在配置时既要考虑到同一季节中彼此的色彩、姿态、体型、数量的调和与对比，花境的整体构图也必须是完整的，同时还要求在一年中随着季节的变换显现不同的季相特征，使人们产生时序感。依据花境所处的环境不同，边缘可以是自然曲线，也可以采用直线，高床的边缘可用石头、砖头等垒砌成，平床多用低矮致密的植物镶边，也可用草坪带镶边。

（三）花丛和花群

花丛和花群是将自然风景中野花散生于草坡的景观应用于城市园林，从而增加园林绿化的趣味性和观赏性。

1.特点

（1）花丛和花群布置简单，应用灵活，株少为丛，丛连成群。

（2）花卉选择高矮不限，但以茎干挺直、不易倒伏、花朵繁密、株形丰满整齐为佳。

2.布置地点

花丛和花群常布置于开阔的草坪周围，使林缘、树丛树群与草坪之间有一个联系的纽带和过渡的桥梁，也可以布置在道路的转折处或点缀于院落之中均能产生较好的观赏效果。同时，花丛和花群还可以布置于河边、山坡、石旁，使景观生动自然。

（四）花台

花台又称高设花坛，是将花卉种植在高出地面的台座上而形成的花卉景观，我国古典园林中这种应用方式较多。现在多应用于庭院，上植草花作整形式布置，由于面积狭小，一个花台内常只布置一种花卉。因花台高出地面，故选用的花卉应株形较矮、繁密匍匐或茎叶下垂于台壁，如玉簪、芍药、鸢尾、兰花、沿阶草等。

（五）花钵

花钵可以说是活动花坛，它是随着现代化城市的发展，花卉种植施工手段逐步完善而推出的花卉应用形式。

1.特点

花卉的种植钵造型美观大方，从造型上看，有圆形、方形、高脚杯形，以及由数个种植钵拼组成六角形、八角形、菱形等图案，也有木制的种植箱、花车等形式，造型新颖别致、丰富多彩。

这种种植钵移动方便，里面花卉可以随着季节变换，使用方便灵活、装饰效果好，是深受欢迎的新型花卉种植形式。

2.摆放位置

花钵主要摆放在广场、街道及建筑物前进行装点，施工容易，能够迅速形成景观，符合现代化城市发展的需要。

（六）花卉基础栽植

在建筑物以及一些构筑物基础的周围通常用花卉作基础栽植。建筑物周围的花卉栽植与道路之间常形成一狭长地带，在这一地带上栽植花卉能够丰富建筑的立面，使建筑物周围的环境得到美化，并对建筑物和路面起到衔接作用。对于具有落地玻璃窗的建筑来说，窗外栽植的花卉与室内的环境融为一体，给室内增添了无限的生机。在墙基处栽植花卉可以缓冲墙基、墙角与地面之间生硬的线条，对墙体和地面具有软倾向装饰作用，特别对丑陋难看的墙角具有遮挡作用。若在单色的墙面前种植花卉，墙面如同画布，栽植的花卉好像一幅画一样给人以美的艺术享受。

在雕塑、喷泉、塑像及其他园林小品的基座附近通常用花卉作基础种植，起到烘托主题、渲染气氛的作用，并能软化构筑线条、增加生气。例如在纪念性园林中，伟人或英雄人物的塑像通常设置于中轴线上形成主景，用花卉来装饰基座能烘托英雄人物的崇高形象，加强塑像的艺术感染力。鲜艳的花卉色彩与白色至褐色的塑像基座形成对比，增强高度，提高了景观效果。

园路用花卉镶边，也是基础栽植的一种形式，有助于提高园路的景观效果，给人们带来美的享受。

（七）温室专类园栽植

为满足人们对温室花卉的观赏需要，可以专门开辟观赏温室区，布置热带、亚热带花卉供参观游览。如兰花和热带兰、仙人掌及多浆植物等种类繁多、观赏价值高、生态习性接近的花卉可布置成专类园的形式。而对温度要求不太高的植物，如棕榈、苏铁等，可用来布置室内花园。

 第二节　露地花卉栽植与管理

露地花卉包括在露地直播的花卉和育苗后移栽到露地栽培的花卉。整个生长发育时间均在露地完成。其生长周期同露地自然条件的变化周期基本一致。主要应用于园林绿地的绿化美化，如花坛、花境、花丛利用的花卉，部分为露地栽培的切花种类。

露地花卉包括在露地直播的花卉和育苗后移栽到露地栽培的花卉。露地花卉

一般适应性强、栽培管理方便、省时省工、设备简单、生产程序简便、成本低，是园林绿化美化的主要成分。

一、露地花卉栽植前的整地

整地是指在花卉播种或定植前，对种植圃地进行翻耕、平整的操作过程。

（一）整地时期

（1）春季使用的土地最好在上一年的秋季翻耕。

（2）秋季使用的土地应在上茬作物出圃后立即翻耕。

（3）耙地应在栽种前进行。如果土壤过干，土块不容易破碎，可先灌水，带土壤水分蒸发含水量达60%左右时，再将土面耙平。土壤过湿时耙地容易造成土表板结。

（二）整地深度

（1）一两年生花卉的生长期短，根系较浅整地要浅，一般耕翻的深度为20～30厘米左右。

（2）宿根和球根花卉及木本花卉整地要深，翻耕的深度40～50厘米。

（3）大型的木本花卉要根据苗木的情况深挖定植穴。黏土要适当加深，沙土可适当浅一些。

（三）整地的方式

整地方式包括翻耕和耙地，具体如图4-1所示。

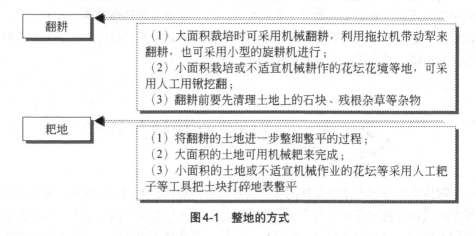

翻耕
（1）大面积栽培时可采用机械翻耕，利用拖拉机带动犁来翻耕，也可采用小型的旋耕机进行；
（2）小面积栽培或不适宜机械耕作的花坛花境等地，可采用人工用锹挖翻；
（3）翻耕前要先清理土地上的石块、残根杂草等杂物

耙地
（1）将翻耕的土地进一步整细整平的过程；
（2）大面积的土地可用机械耙来完成；
（3）小面积的土地或不适宜机械作业的花坛等采用人工耙子等工具把土块打碎地表整平

图4-1　整地的方式

（四）土壤改良

不同的土壤改良方式不一样，具体如表4-1所示。

表4-1   不同土壤的改良方式

序号	土壤类型	改良方式
1	砂性土壤、过于黏重的土壤、有机质含量比较低的土壤	可通过增施有机肥、客土、加沙等方法加以改良。施入的有机肥包括堆肥、厩肥、锯末、腐叶、泥炭、甘蔗渣等
2	碱性土壤	若在碱性土壤上栽培喜酸性的花卉时，可施用硫酸亚铁、硫磺等提高酸度，10平方米用量为1.5千克，可降低pH0.5～1.0
3	土壤pH值过低的土壤	栽培不喜酸的花卉时，利用生石灰、草木灰等加以中和

（五）施基肥

（1）在花卉种植前施入的肥料称之为基肥，在肥料比较充足时，有机肥可在翻耕和耙地时施入，可以同土壤充分混合。

（2）一些精细的肥料或化肥可在播种或栽植时施入。施入到播种穴或栽植穴内同土壤充分混合。

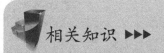 相关知识 ▶▶▶

花卉用肥料种类及选择

一、有机肥

有机肥分"广义上的有机肥"及"狭义上的有机肥"。

1.广义上的有机肥

广义上的有机肥俗称农家肥，包括以各种动物、植物残体或代谢物组成。如人畜禽粪便、秸秆、动物残体、屠宰场废弃物、城镇工业及生活有机物垃圾等。另外还包括饼肥（菜籽饼、棉籽饼、豆饼、芝麻饼、蓖麻饼、茶籽饼等）、堆肥、沤肥、厩肥、沼肥、绿肥等。主要是以供应有机物质为手段，辅此来改善土壤理化性能，促进植物生长及土壤生态系统的循环。

部分"广义上的有机肥"品种如下表所示。

部分"广义上的有机肥"品种

序号	品种	具体说明
1	堆肥	各类秸秆、落叶、青草、动植物残体、人畜粪便为原料，按比例相互混合或与少量泥土混合进行好氧发酵腐熟而成的一种肥料
2	沤肥	沤肥所用原料与堆肥基本相同，只是在淹水条件下进行发酵而成
3	厩肥	厩肥是指猪、牛、马、羊、鸡、鸭等畜禽的粪尿与秸秆垫料堆沤制成的肥料

序号	品种	具体说明
4	沼气肥	沼气肥是指在密封的沼气池中，有机物腐解产生沼气后的副产物，包括沼气液和残渣
5	绿肥	绿肥是指利用栽培或野生的绿色植物体作肥料。如豆科的绿豆、蚕豆、草木樨、田菁、苜蓿、苕子等。非豆科绿肥有黑麦草、肥田萝卜、小葵子、满江红、水葫芦、水花生等
6	作物秸秆	农作物秸秆是重要的肥料品种之一，作物秸秆含有作物所必需的营养元素有N、P、K、Ca、s等。在适宜条件下通过土壤微生物的作用，这些元素经过矿化再回到土壤中，为作物吸收利用
7	饼肥	饼肥是指例如菜籽饼、棉籽饼、豆饼、芝麻饼、蓖麻饼、茶籽饼等
8	泥肥	泥肥是指未经污染的河泥、塘泥、沟泥、港泥、湖泥等

2.狭义上的有机肥

狭义上的有机肥专指以各种动物废弃物（包括动物粪便、动物加工废弃物）和植物残体（饼肥类、作物秸秆、落叶、枯枝、草炭等），采用物理、化学、生物或三者兼有的处理技术，经过一定的加工工艺（包括但不限于堆制、高温、厌氧等），消除其中的有害物质（病原菌、病虫卵害、杂草种籽等）达到无害化标准而形成的，符合国家相关标准及法规的一类肥料。

有机肥料相关标准定义：主要来源于植物和（或）动物，施于土壤以提供植物营养为其主要功能的含碳物料。

主要技术指标如下。

外观：褐色或灰褐色，粒状或粉状，无机械杂质，无恶臭。

有机质含量：≥30%。

总养分：≥4.0%。

水分：≤20%。

酸碱度（pH）：5.5～8.0。

有效活菌数≥0.2亿个/克，杂菌率≤20%。

二、化肥

化肥主要有如下几种。

（1）氮肥。氮肥能促使枝叶繁茂，提高着花率。常见的氮肥硫酸铵、尿素等。

（2）磷肥。磷肥能使花色鲜艳，结实饱满。常见的磷肥有、鱼鳞、骨粉、鸡粪、过磷酸钙等。

（3）钾肥。钾肥能使根系长得健壮，增强花卉对病虫害和寒、热的抵抗力，还能增加花卉的香味。常见的钾肥有稻草灰、草木灰、硫酸钾等。

（4）复合肥。磷酸二氢铵、磷酸二氢钾、氮磷钾复合肥等。

（5）微量元素。

（六）作畦

翻耕以及耙过的土壤，在花卉种植前要做成栽培畦，栽培畦的形式要根据不同地区的气候条件、土壤条件、灌溉条件、花卉的种类以及花卉布置方式采用不同的形式。

（1）在雨量较大的地区栽培牡丹、大丽花、菊花等不耐水湿的花卉，最好采用高畦或高垄，并在四周挖排水沟。

（2）北方干旱地区多利用低畦或平畦栽培。

二、露地花卉的定植

（一）草本花卉

在栽植前挖好的栽植沟内施入少量的磷酸二铵等肥料，与土壤充分混匀后再栽苗。可采用在沟（穴）内先浇水，在水没有渗下以前把苗栽上，待水渗完后用土埋住苗；也可先栽苗后浇水。不同类型的花卉定植，具体如表4-2所示。

表4-2 草本花卉定植

序号	类　别	定植方法
1	一两年生的草本花卉、秋季或早春播种育苗、营养钵育苗或花盆育苗	一两年生的草本花卉、秋季或早春播种育苗、营养钵育苗或花盆育苗一般是大苗带花栽植
2	宿根花卉	宿根花卉一般在秋末上部枯萎时停止生长或在早春发芽前将植物带根挖出，结合分株繁殖进行
3	球根花卉	球根花卉是指于早春挖出结合分株繁殖，在苗床内催芽，待新芽10厘米左右时，再定植到田间

（二）乔木及灌木花卉

乔木及灌木花卉的定植，与园林树木的定植方法相同。

三、露地花卉的养护管理

（一）灌溉

1.灌溉的水质

浇花的水质以软水为好，一般使用河水、雨水最佳，其次为池水及湖水，泉水不宜。不宜直接从水龙头上接水来浇花，而应在浇花前先将水存放几个小时或在太阳下晒一段时间，不宜用污水浇花。

2.浇水时期

在夏秋季节，应多浇，在雨季则不浇或少浇；在高温时期，中午切忌浇水，宜早晚进行；冬天气温低，宜少浇，并在晴天上午10点左右浇；幼苗时少浇，旺盛生长多浇、开花结果时不能多浇；春天浇花宜中午前后进行。

3.浇水方式

每次浇水不宜直接浇在根部，要浇到根区的四周，以引导根系向外伸展。每次浇水过程中，按照"初宜细、中宜大、终宜畅"的原则来完成，以免表土冲刷。灌溉的形式主要有畦灌、沟灌、滴灌、喷灌、渗灌五种。

（二）施肥

1.基肥

在育苗和移栽之前施入土壤中的肥料，主要有厩肥、堆肥、饼肥、骨粉、过磷酸钙以及复混肥等。施入肥料，再用土覆盖，也可以将肥料先拌入土中，然后种植花卉。

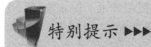 特别提示 ▶▶▶

有机肥作基肥时，要注意充分腐熟，以免烧坏幼苗。无机肥做基肥时，要注意氮、磷、钾配合使用，且入土不要过深。

2.追肥

追肥指在花木生长期间所施的肥料。一般多用腐熟良好的有机肥或速效性化肥。追肥的施肥方法，具体如表4-3所示。

表4-3　追肥的施肥方法

序号	方法	具体操作	备　　注
1	埋施	在花卉植物的株间、行间开沟挖坑，将化肥施入后填上土	（1）浪费少，但劳动量大，费工； （2）注意埋肥沟坑要离作物茎基部10厘米以上，以免损伤根系
2	沟施	在植株旁开沟施入，覆土	
3	穴施	在植株旁挖穴施入，覆土	
4	撒施	在下雨后或结合浇水，趁湿将化肥撒在花卉株行间	只宜在操作不方便、花卉需肥比较急的情况下采用
5	冲施	把定量化肥撒在水沟内溶化，随水送到花卉根系周围的土壤	（1）肥料在渠道内容易渗漏流失，还会渗到根系达不到的深层，造成浪费； （2）方法简便，在肥源充足、作物栽培面积大、劳动力不足时可以采用

序号	方法	具体操作	备 注
6	滴灌	在水源进入滴灌主管的部位安装施肥器,在施肥器内将肥料溶解,将滴灌主管插入施肥器的吸入管过滤嘴,肥料即可随浇水自动进入作物根系周围的土壤中	(1)配合地膜覆盖,肥料几乎不会挥发、不损失,又省工省力,效果很好; (2)要求有地膜覆盖,并要有配套的滴灌和自来水设备
7	插管渗施	(1)将氮、磷、钾合理混配(一般按8:12:5的比例)后装入插管内,并封盖; (2)将塑料管插入距花卉根部5～10厘米的土壤中,塑料管顶部露出土壤3～5厘米	操作简便,肥料利用率高,能有效地降低化肥投入成本

（三）中耕除草

（1）中耕不宜在土壤太湿时进行。

（2）中耕的工具有小花锄和小竹片等,花锄用于成片花坛的中耕、小竹片用于盆栽花卉。

（3）中耕的深度以不伤根为原则,根系深,中耕深;根系浅,中耕浅;近根处宜浅,远根处宜深;草本花卉中耕浅,木本花卉中耕深。

（四）整形修剪

1.整形

露地花卉一般以自然形态为主,在栽培上有特殊需求时才结合修剪进行整形。主要的形式有单干式、多干式、丛生式、垂枝式、攀援式,具体说明如表4-4所示。

表4-4　露地花卉的整形形式

序号	整形形式	具体说明
1	单干式	单干式是指整株花卉只留一主杆,以后只在顶端开一朵大花。从幼苗开始将所有侧蕾和侧枝全部摘掉,使养分集中。一个主杆顶端稍稍分出若干侧枝,形成伞状,要从小除侧枝,只最后才留部分顶端的侧枝
2	多干式	多干式是指在苗期摘心,使基部形成数条主枝。根据所想留主枝的数目,再摘除不要的侧枝。一般主枝只留3～7条,如菊花
3	丛生式	丛生式也称灌木类或竹类,以丛生式定型,要疏密相称、高低相宜,使之更富诗情画意,如南天竹、美人蕉、佛肚等
4	垂枝式或攀援式	垂枝式或攀援式是指多用于蔓生或藤本花卉,需要搭架使之下垂或攀升,同时也要适当整枝,如悬崖菊、牵牛花等

2.修剪

修剪主要是摘心、除芽、去蕾，具体如表4-5所示。

表4-5　花卉的修剪

序号	类别	操作方式	作用	常见花卉
1	修枝	修枝是指剪除枯枝、病枝、残枝和过密细弱的枝条	促进通风、透光，节省养分，改善株型	
2	摘叶	摘叶是指摘去部分老叶，下脚叶和部分生长过密的叶	防止叶片过于茂密，影响开花结果	
3	摘心	摘心是指去枝梢的顶芽	促使侧芽的萌发，枝条增多，形成丛生状，开花繁多	百日草、一串红、翠菊、万寿菊、波斯菊等
4	除芽	除芽是指除去过多的侧芽或脚芽	枝数的增加和过多花蕾的发生，使所保留的花朵或枝条养分充足，花大色美	菊花、大丽花等
5	去蕾	去蕾是指除去侧蕾保留顶蕾	顶蕾营养充足而发育良好，花大花形美	
6	短截	短截是指剪除枝条的一部分，使之缩短	促使萌发侧枝，使萌发的枝条向预定空间抽生	

第三节　盆栽花卉栽植与管理

一、营养土的配制

营养土又叫培养土（盆土、花土）是人工配制的、营养丰富、结构良好的人工基质。所谓的基质就是固定植物根系，并为植物提供生长发育所需要的养分、水分、通气等条件的物质。

（一）配制营养土的常用材料

配制营养土常用的材料有园土、腐叶土、粒沙、堆肥土、塘泥、蛭石、珍珠岩、针叶土、锯末木屑、稻壳、甘蔗渣、陶粒、炉渣、木炭、水苔、苔藓等，如表4-6所示。

表4-6　配制营养土的常用材料

序号	材　料	具体说明
1	园土	园土是配制营养土的主要原料，多用壤土，最好是菜园土或种过豆科植物的土壤。因为经常施肥耕作，肥力较高，结构良好，但也不能单独使用，因为在盆栽时，干旱时土表容易板结，湿润时黏重，透气性较差。要配合其他的疏松物使用
2	腐叶土	腐叶土是配制营养土最广泛的材料。由阔叶树的落叶堆积腐熟而成。来源有两种。 （1）天然腐叶土　在阔叶林下自然堆积的腐叶土属这一类型，也称天然腐殖土。由枯枝落叶常年累计、分解而成，呈褐色，微酸性，富含腐殖质，松软透气，排水、保水性好，是花卉栽培非常优良的材料。 （2）人工腐叶土　是收集落叶人工堆制，和堆肥土一样，拌以少量的有机肥和水，与园土层层堆积，待其发酵腐熟后，过筛消毒。要经过1年以上的时间。这样形成的培养土含有丰富的腐殖质，土质疏松透气，排水良好。使用时要筛出去质地较大的颗粒，未完全腐熟的要继续腐熟后再使用。注意虫卵和有害物质的发生。适合于栽种各种秋海棠、仙客来、大岩桐、天南星科观叶植物及地生兰花、蕨类植物
3	粒沙	粒沙能使土壤疏松，利于水分渗透，空气流通，便于根部呼吸。可单独使用于仙人掌及多肉植物栽培，也广泛用作扦插的基质。栽培中最好使用清洁的河沙，颗粒直径应在1～2毫米之间。播种用沙经过蒸气消毒或清水冲洗。清洁的河沙为中性pH7.0～7.2
4	堆肥土	堆肥土是指利用农家肥，如猪粪、牛粪等同园土混合，在露天的条件下堆腐半年，干燥后翻倒几遍，捣碎后过筛。可混入一定量的疏松填充物，即可使用。也可在收集杂草、锯末、残枝落叶、菜叶等，先在底层铺放30厘米，并浇水或浇适量的人粪尿，再盖上一层10厘米厚的泥土，如此层层堆积，达1.5米左右为宜。最后用泥土封顶。发酵腐熟后过筛清除杂物即可使用。堆肥后要注意管理，避免雨淋造成养分流失
5	塘泥	塘泥即池塘、湖泊中的沉积土，含有丰富的有机质，在秋冬挖出，经过晾晒、粉碎、过筛。可混入一定量的疏松填充物
6	泥炭、土草炭	泥炭是指低湿湖泽地带的植物被埋藏在地下，在淹水或缺少空气的条件下，分解不完全而形成的特殊有机物，多呈黑色或者是深褐色，对水和养分的吸附能力很强。容重0.2～0.3克/立方厘米风干后一破碎。质地松软，透水透气性及保水性好，含有腐殖质，pH值为4.5～6.5，含氮量为1%～2.5%，含磷量为0.1%～0.9%，含钾量为0.2%～0.6%，全钙含量为0.5%～1%，还含有锰、锌、铜、硼钼等微量元素
7	蛭石	蛭石是由黑云母和金云母风化而成的次生产物，在1000高温加热后，片状物变成疏松的多孔状体，因此变得很轻，容重为0.096～0.16克/立方厘米，吸水、保水、持肥、吸热、保温。园艺上常用的为颗粒在0.2～0.3厘米的2号蛭石。缺点是长期使用后会使蜂房状结构破坏透气性下降。常与珍珠岩或草炭混合使用

序号	材 料	具体说明
8	珍珠岩	珍珠岩由一种铝硅酸盐火山石经粉碎加热至1100煅烧后膨胀而形成。疏松、透气、吸水、体轻。容重0.128克/立方厘米常与蛭石、草炭混合使用
9	针叶土	(1)针叶土是由松柏科针叶树种的落叶残枝和苔藓类植物堆积腐熟而成。在针叶林中，极为疏松。以云杉、冷杉的落叶所形成的为最好。松柏等落叶较差。 (2)针叶土也可以用人工制造。方法是将落叶收集起来，堆成堆，不要过湿，用覆盖物盖起来，一年翻动2～3次，促其分解，减少腐殖质酸。一般经过一年堆积，即可使用。 (3)松针土呈灰褐色，较肥沃，透气性和排水性良好，呈强酸性反应，pH3.5～4.0；腐殖质极为丰富。可以单独使用栽培君子兰幼苗，最好是与其他土壤配合使用。适于杜鹃花、栀子花、茶花等喜强酸性的花卉
10	锯末木屑、稻壳、甘蔗渣、椰子壳等	将锯末木屑、稻壳、甘蔗渣、椰子壳等发酵至黑色
11	陶粒	陶粒是由黏土发泡烧制而成，质地坚硬却很轻，又名"水上漂"，具有一定的机械强度，吸水、透气、持肥能力强。小颗粒堆砌在一起形成许多空穴，透气利水，不会板结。干燥状态下没有粉尘，泡水后不会解体，不产生泥水，这种基质远优于大自然中的泥土。因为其透气利水性比泥土草好，所以种花草成活率比泥土要高。全营养陶粒植土内含氮、磷、钾、钙、镁、硫、硅、铁、硼、锰、锌、铜、钼等营养元素，使植物成活率更高，寿命更长
12	炉渣	炉渣也是君子兰培养土中重要的掺合物，它不仅是理想的透水、疏松、通气材料，同时容重较小，含有一定量的石灰质。成龄君子兰在换大盆时，为了排水良好和搬运时重量较轻，可先在盆底铺一层炉渣。冬季配土时添加炉渣还可以起到一定的保温作用。掺用的炉渣以沸腾炉喷出的碎末为最好，用普通的炉渣，应该先打碎，选用2～3毫米的筛过筛后使用粗末
13	木炭	木炭碎块可掺入君子兰培养土中或垫盆底，可以吸收水分，使土壤渗透，便于根部呼吸。它在干旱时又可使土壤不致过分干燥。木炭末则可以用来涂抹植株伤口，防止作品腐烂
14	水苔、苔藓	水苔是一种天然的苔藓，属苔藓科植物，又名泥炭藓。生长在海拔较高的山区，热带、亚热带的潮湿地或沼泽地，长度一般在8～30厘米左右，有的甚至长50厘米。水苔体质十分柔软并且吸水力极强，吸水量相当于自身重量的15～20倍，具有保水时间较长但有透气的特点，pH值5～6。广泛用于各种兰花的栽培，是种植栽培基质上等材料之一

（二）营养土的混合配制

根据所选基质种类的不同，配制方法可分为无机复合基质、有机复合基质和无机-有机复合基质三类，如表4-7所示。

表4-7 基质种类

序号	基质种类	配制方法
1	无机复合基质	无机复合基质是用无机基质配制的，不合有机质，肥力水平低，可选用的基质有素沙土、陶粒、蛭石、珍珠岩、炉渣等。这类基质最大的特点是通透性好，无病菌孢子及有害虫卵，安全卫生，营养元素均衡，易于调整，应用较为广泛。 （1）蛭石：珍珠岩为1：1，适合作插床基质； （2）陶粒：珍珠岩为2：1，适合种植各种粗壮或肉质根系花卉； （3）炉渣：素沙为1：1，适合作扦插和栽培基质
2	有机复合基质	有机复合基质可选用的基质有泥炭、锯末、柳糠、草炭、黏土、沙土、壤土、园土、蔗糠、腐叶土、腐殖土、塘泥等，这类基质总体有机含量高，多呈酸性反应，来源丰富，价格低廉，是应用较多的一类基质。 （1）腐叶土：黏土：沙土：草炭=4：3：2：1，可用于杜鹃、茶花、含笑的栽植； （2）腐叶土：厩肥土：园土=1：0.5：0.5，适用于米兰、荣莉、金橘、栀子的栽培； （3）腐叶土：园主：黄沙=1：0.5：0.5，适合多肉多浆花卉生长； （4）园土：草炭=1：1，或园土：砻糠灰=1：1，可作扦插用土
3	无机-有机复合基质	无机一有机复合基质综合性状优良，应用广泛，有机质含量适中，水气比例协调，成本较为低廉，是生产上应用较多的一类复合基质。 （1）泥炭：蛭石：珍珠岩=2：1：1，适用于观叶植物栽培； （2）泥炭：珍珠岩=1：1，用作扦插基质及大部分盆栽花卉； （3）泥炭：珍珠岩=1：2，用作杜鹃等纤细根系花卉栽植； （4）泥炭：炉渣=1：1，用于盆栽喜酸植物

以下介绍营养土配比实例如表4-8所示。

表4-8 营养土配比实例

序号	花卉种类	具体说明
1	温室一、两年生花卉，如报春花、瓜叶菊、蒲苞花、蝴蝶草等	温室一、两年生花卉，如报春花、瓜叶菊、蒲苞花、蝴蝶草等的营养土的配比如下。 （1）幼苗期营养土为，腐叶土：园土：河沙=5：3.5：1.5 （2）定植用营养土为，腐叶土：园土：河沙=（2～3）：（5～6）：（1～2）
2	宿根花卉，如植物，紫苑、芍药等	宿根花卉，如植物，紫苑、芍药等的营养土可用腐叶土：园土：河沙=（3～4）：（5～6）：（1～2）
3	温室球根花卉，如大岩桐、仙客来、球根秋海棠等	温室球根花卉，如大岩桐、仙客来、球根秋海棠等的营养土可用腐叶土：园土：河沙=5：4：1
4	温室木本花卉的营养土，如山茶、含笑、白兰花等	温室木本花卉的营养土，如山茶、含笑、白兰花等的营养土可用腐叶土3～4份，再混以园土及等量的河沙，加少量的骨粉

序号	花卉种类	具体说明
5	仙人掌及多浆植物	仙人掌及多浆植物的配比营养土为，土：粗砂=1：1
6	令箭荷花、昙花、蟹爪兰等	令箭荷花、昙花、蟹爪兰等的营养土腐叶土：园土：河沙=2：2：3；陶粒：珍珠岩为2：1
7	杜鹃类	杜鹃类的营养土推荐用松针土：腐熟的马粪或牛粪=1：1最为适宜

（三）营养土的消毒

消毒的方法有烧土消毒、蒸汽消毒和药品消毒等方法。

1.烧土消毒

烧土消毒这种方法简单易行，安全可靠。即把土放在装有铁板的炉灶上翻炒，根据土壤湿润状态不同，烧土所需要的温度也不同，一般80摄氏度历时30分钟，便可把土壤中的有害生物杀死。如果消毒时间过长，会把有益的生物杀死。

2.蒸汽消毒

蒸汽消毒效果最好，方法简单。利用放出蒸汽的热进行消毒，土壤量大的可选用此法。温度达100摄氏度后，保持10分钟即可达到消毒的目的。

3.药品消毒

药品消毒主要有三种方法，具体如表4-9所示。

表4-9　药品消毒方法

序号	方法	具体操作	备注
1	福尔马林消毒法	福尔马林消毒法是指用1立方的营养土，喷洒50～100倍的溶液400～500毫升，翻拌均匀，堆积成堆，用塑料薄膜覆盖，48小时后，揭去薄膜，摊开土堆，翻动几次，1周后，即可使用	注意福尔马林易使土壤的物理性状劣变
2	三氯硝基甲烷	三氯硝基甲烷是指将营养土分层堆积，每层的厚度20～30厘米，喷洒氯化苦每立方米50毫升，堆积3、4层，用塑料薄膜覆盖，20摄氏度气温下，保持10天，揭去薄膜后，翻动几次	
3	高锰酸钾消毒法	高锰酸钾消毒法是将乐果1500倍液混入稀释1000倍的高锰酸钾溶液喷洒营养土，上下翻倒均匀，塑料薄膜覆盖24小时	药味散尽后才可使用

（四）营养土的酸碱测试与调节

（1）土壤酸碱度的测定，可以使用pH试纸，酸度计。

（2）酸度调节。碱性土要调酸，加硫黄粉和硫酸亚铁。酸性土中和，可以使用石灰粉、石膏、草木灰。

 二、花卉上盆

将花苗栽植于花盆中的过程叫做上盆，也叫盆栽。一般在春秋两季进行。上盆主要分为以下四步。

（1）垫片，用两块或三块碎盆片盖在盆底排水孔洞的上方，搭成人字形或品字形，使盆土不会落到洞口而多余的水又能流出。

> **特别提示 ▶▶▶**
>
> 对紫砂盆、瓷盆等还应在盖片上再加些碎砖、碎瓦片，便于排水，以求增加盆土透气性。

（2）加培养土，先加一层粗培养土（板栗大小的晒干的塘泥），加基肥，再铺一层细培养土，以免花卉的根与基肥直接接触。

（3）移苗，将花苗立于盆中央，掌握种植深度不可过深或过浅，一般是根茎处距盆口沿约2厘米。一手扶苗，一手从四周加入细培养土，加到半盆时，振动花盆，并用手指轻压紧培养土，使根与土紧密结合；再加细培养土，直到距盆口4厘米，面上稍加一层粗培养土，以便浇水施肥，并防止板结，只有基生叶而无明显主茎的花苗，上盆时要注意"上不埋心，下不露根"。

（4）上盆后要浇透水，并移至荫蔽处一周左右。

 三、花卉换盆

花卉小苗长大后经过2～3次换盆才定植于大盆中。多年生的花木也要经过定期（每年或2～3年后）换盆更新培养土。

> **特别提示 ▶▶▶**
>
> 当花卉盆栽时间过长时，盆土的理化性质变劣，营养减少，植株根系部分腐烂老化，此时需要换掉大部分营养土，适当修剪根系，重新栽植，叫做翻盆。

（一）换盆时间

对于盆花，一定要选择好换盆时机，如果原来的花盆够大，就尽量不要更换。

多数情况最好在春天进行换盆，因为这更有利于花的适应。多年生花卉换盆多在休眠期进行，不要在开花期换盆。

（二）换盆次数

一两年生花卉一年换盆2、3次，宿根花卉一年一次，木本花卉2～3年一次。

（三）换盆步骤

换盆步骤，具体如图4-2所示。

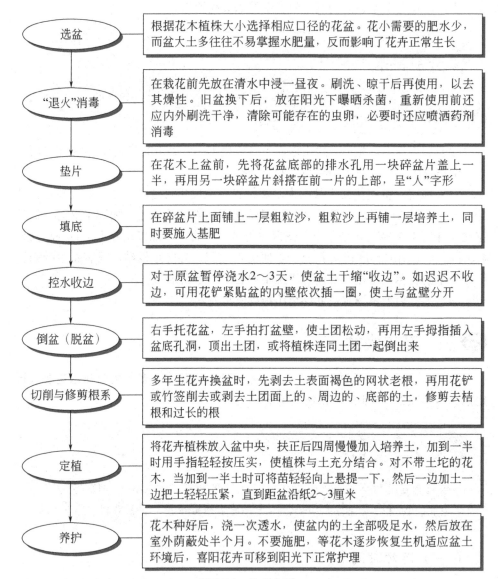

选盆	根据花木植株大小选择相应口径的花盆。花小需要的肥水少，而盆大土多往往不易掌握水肥量，反而影响了花卉正常生长
"退火"消毒	在栽花前先放在清水中浸一昼夜。刷洗、晾干后再使用，以去其燥性。旧盆换下后，放在阳光下曝晒杀菌，重新使用前还应内外刷洗干净，清除可能存在的虫卵，必要时还应喷洒药剂消毒
垫片	在花木上盆前，先将花盆底部的排水孔用一块碎盆片盖上一半，再用另一块碎盆片斜搭在前一片的上部，呈"人"字形
填底	在碎盆片上面铺上一层粗粒沙，粗粒沙上再铺一层培养土，同时要施入基肥
控水收边	对于原盆暂停浇水2～3天，使盆土干缩"收边"。如迟迟不收边，可用花铲紧贴盆的内壁依次插一圈，使土与盆壁分开
倒盆（脱盆）	右手托花盆，左手拍打盆壁，使土团松动，再用左手拇指插入盆底孔洞，顶出土团，或将植株连同土团一起倒出来
切削与修剪根系	多年生花卉换盆时，先剥去土表面褐色的网状老根，再用花铲或竹签削去或剥去土团面上的、周边的、底部的土，修剪去桔根和过长的根
定植	将花卉植株放入盆中央，扶正后四周慢慢加入培养土，加到一半时用手指轻轻按压实，使植株与土充分结合。对不带土坨的花木，当加到一半土时可将苗轻轻向上悬提一下，然后一边加土一边把土轻轻压紧，直到距盆沿纸2～3厘米
养护	花木种好后，浇一次透水，使盆内的土全部吸足水，然后放在室外荫蔽处半个月。不要施肥，等花木逐步恢复生机适应盆土环境后，喜阳花卉可移到阳光下正常护理

图4-2　换盆步骤

四、盆栽花卉的日常养护

（一）浇水

1.水质要求

盆花最好用软水浇灌，雨水、河水、湖水、塘水等称为软水。

2.水的温度

浇水温度与当时的气温相差要大，如果突然浇灌温差较大的水，根系及土壤的温度突然下降或升高，会使根系正常的生理活动受到阻碍，减弱水分吸收，发生生理干旱，因此，夏季忌在中午浇水，冬季自来水的温度常低于室温，使用时可加些温水，有利于花卉生长需要。

3.浇水"五看"

浇水"五看"，具体如表4-10所示。

表4-10　浇水要求

序号	类别	具体内容
1	看季节	（1）春季，盆花出室后第1次浇水必须浇透。初春每隔2～3天浇水1次，以后为1～2天浇1次。 （2）夏季，遇晴天每天至少浇水1次，入伏后，遇晴天早晚都应浇水1次，盆土发白变干时及时补水。 （3）秋季，盆栽花木重新转入缓慢生长时期，一般2～3天浇水1次。 （4）冬季，大多数盆栽花卉转入室内越冬，温室内的花卉一般1～2周浇水1次，至多4～5天浇1次，不可浇水太多太勤
2	看天气	干旱多风天气多浇，阴雨天气缓浇、少浇或停浇
3	看种类、品种	（1）一般草本喜湿花卉应多浇，木本喜旱花卉应少浇：仙人掌类、石莲花、虎刺梅等多浆植物宁干勿湿，球根、球茎类花卉不宜久湿、过湿；牡丹等肉质根喜燥恶湿宜少浇，水生类花卉如荷花、睡莲、石菖蒲等喜水怕旱，必须在水中生长；冠径大的阔叶、多叶类花卉宜多浇，冠径小的窄叶、小叶类花卉宜少浇。 （2）根据花木嗜水习性而总结出来的。如腊梅、梅花、绣球、大丽花、天竺葵等喜干怕涝的盆花，就要按"干透浇透"的原则浇水。要当盆土表面全部都干了，才能浇水。"浇透"就是不要浇"半截水"，要使盆土上下全部浇灌湿透。浇不透则根的尖端吸不到水分，就影响生长。但浇透不等于浇漏，经常浇漏，肥分流失过多，也影响生长。 （3）杜鹃花、山茶花、月季、栀子花、米兰、南天竹、八仙花、万年青等喜湿润而又不耐大水的花卉，就要按"见干见湿"的原则浇水，见盆土发白时就浇水，浇到湿润即可。不要等到盆土干透了才浇，也不能浇大水。要做到盆土有干有湿，既不可长期干旱，也不可经常湿透，而要干湿相间。

序号	类别	具体内容
3	看种类、品种	（4）蜈蚣草、马蹄莲、龟背竹、旱伞草等喜大水盆花，就要按"宁湿勿干"的原则浇水，盆土要经常保持潮湿，不能脱水。松科和多浆多肉等花卉，为喜干耐旱的花木，就要按"宁干勿湿"的原则浇水，要干透了才浇水，绝不能渍水
4	看生育阶段	（1）生长旺盛阶段宜多浇。 （2）生长缓慢阶段宜少浇。 （3）种子和果实成熟阶段盆土宜稍偏干。 （4）休眠阶段应减少浇水次数和浇水量
5	看盆	（1）小花盆浇水次数宜多、一次浇水量宜少，大盆浇水量应比小盆稍多。 （2）泥瓦花盆浇水次数需多一些，陶瓷花盆浇水勿太多太勤，泥瓦盆孔隙多，浇水次数和浇水量适量增加。 （3）沙性土易干应多浇水，黏性重的盆土既要防涝也要防旱，并及时中耕松土，适当减少浇水次数。 （4）盆土颜色发白，重量变轻，手感坚硬时多浇，呈暗灰色或深褐色，重量沉实，手感松软，土壤潮湿，可暂不浇水。 （5）新上盆的花卉在土壤水分不足时，不宜直接大量浇水，应先用培养土把盆壁四周的裂缝堵塞，再缓缓注入少量水分，待盆土湿润后，再按常规法浇水

4.浇水适量

判断植物的需水量，要在实践中逐步摸索，找出规律，要掌握好浇水量，一般盆栽花卉要掌握"见湿、见干"，木本花卉和仙人掌类要掌握"干透、湿透"的原则。夏季是多数植物生长旺盛，蒸发量大，应多浇水、夏季室内花卉2～3天浇水一次，在室外则每天浇一次水。秋冬季节对那些处于休眠、半休眠状态的花卉还是以控制浇水、使盆土经常保持偏干为好，总之要根据盆花对水的需要做到适时适量的原则。

不同品种的花卉浇水量要区别对待，一般草本花卉比木本花卉需水量大，浇水宜多；南方花卉比原产干旱地区的花卉需水量大；叶片大，质地柔软，光滑无毛的花卉蒸发量多，需水量大；而叶片小、革质的花卉需水较少。

5.浇水方式

多数花卉喜欢喷浇，喷水能降低气温，增加环境湿度，减少植物蒸发，冲洗叶面灰尘，提高光合作用。经常喷浇的花卉，枝叶洁净，能提高植物的观赏价值，但盛开的花朵及茸毛较多的花卉不宜喷水。

（二）给花卉施肥

1.施好基肥

花卉在播种、上盆或换盆时，将基肥施入盆底或盆下部周围，以腐熟后的饼肥、畜禽粪、骨粉等有机肥为主。施入量视盆土多少，花株大小而定，一般每5千克盆土施300～400克有机肥为宜。

2.适时适量追肥

在花卉植株生长旺期，根据其发育状况（包括叶色及厚度、茎的粗壮程度、花色鲜艳程度等），可将速效性肥料直接施入盆内外缘，深度为5厘米左右，施入量因盆土多少而定。追肥在花卉生长季节都可进行，当植株进入休眠期时，停止施肥。每周施1～2次，立秋后每半月施1次。

3.必要时叶面喷肥

一般情况下，草本花卉使用浓度为0.1%～0.3%，木本花卉为0.5%～0.8%，喷施应选在早晨太阳出来前或傍晚日落后。每7天喷一次，连续三次后，停喷一次（约半个月），以后再连续。

4.施肥原则

（1）营养生长期多施氮、钾肥，花芽形成期多施磷肥；现蕾时施，裂蕾时不施；花前花后施，盛花期不施。

（2）早晚可施，中午不施；施肥前一天要松土，施肥后的翌晨要浇水。

（3）开春后施，秋分后不施；雨前、晴天可施，雨后不施；气候干旱时施，梅雨季节不施。

（4）盆地土干时施，盆土湿时不施；气候适宜生长旺盛时多施，气候炎热或低温季节生长停滞时不施。

（5）新栽、徒长、休眠时也不施。

（6）宁淡勿浓要少施；薄肥勤施，浓肥勿施；不腐熟勿施；不单施氮肥；花卉施肥，应将氮、磷、钾配合使用，最好以饼肥、厩肥、堆肥、鸡鸭鸽粪、骨粉、树叶、草木灰等农家肥为主。

（7）喜肥的菊花、茉莉，由淡到浓可多施，耐瘠薄的五针松等松柏类少施。

（8）壮苗可多施，弱苗要少施；根部患病，暂停施肥。

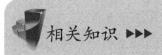

相关知识 ▶▶▶

花卉施肥的宜与忌

一、花卉施肥的宜

（1）宜分类施肥。观叶花卉应多施氮肥，使叶片鲜嫩翠绿；观花观果花卉应多施磷、钾肥，使植株早开花，早结果；球根花卉应多施钾肥，以利球根充实。

（2）宜适时施肥。当发现花卉叶色变淡，生长减缓时，施肥最为恰当。根据花卉的不同生育期区别施用不同的肥料和不同的量，例如，幼苗期以施氮肥为主，采用薄肥勤施，以促进幼苗快速、健壮生长；成苗后，可适当提高施肥浓度，并增施磷、钾肥。

（3）宜配施基肥追肥：基肥以有机肥料为主，供肥持久稳定，且可改良土壤结构和理化性质，提高土壤肥力。追肥以化学肥料为主，具有养分多、肥效快、供肥强度大的特点，是基肥的必要补充。

（4）宜均施氮、磷、钾肥。例如，偏施氮肥，容易造成枝叶徒长，推迟开花或不开花；偏施磷肥，会抑制氮和钾的吸收，使植株生长不良，并易引起缺铁、缺锌；偏施钾肥，会抑制植株的营养生长，并发生缺镁症。

（5）宜土壤湿润时施肥。土壤干旱时施肥，易引起花卉枝叶生理失水而枯萎，严重时会导致植株枯死。相反，雨天施肥，因土壤含水量高，吸肥保肥能力差，易被雨水冲刷流失，而且会造成植株枝叶徒长。

（6）宜酌施叶面肥料。在植株旺盛生长期或缺乏微量元素时，酌情喷施叶面肥料可及时补充花卉根部吸收养分的不足。但是，叶面追肥要严格掌握浓度，以免烧伤叶片。

（7）宜施肥后适量覆土。许多人习惯将肥料施在表土层，这样不但容易使肥料挥发损失，而且会烧伤根系，尤其高温干旱天气，挥发更快，伤根更重。因此，施肥后应适量覆土，以防肥分损失，提高肥效。

二、花卉施肥的忌

（1）忌给新栽植株施肥。新栽植株的根系伤口多，若受到外界刺激，则伤口不易愈合，会引起烂根，甚至导致植株死亡。

（2）忌给病弱植株施肥。病弱植株生长势弱，光合作用差，新陈代谢慢，对肥料吸收能力低，如果随便施肥，反而容易造成肥害。

（3）忌开花期施肥。开花期施肥，会促使植株营养生长过旺，容易引起徒长，造成落蕾、落花。

（4）忌休眠期施肥。花卉在休眠期停止或减缓生长，若施用肥料，就会打破休眠，促使植株继续生长，影响来年开花。

（5）忌根蔸下施肥。栽花时不可将植株根系直接放在基肥上，而应在肥料上加一层土，否则不但不利于肥料被充分吸收和利用，而且伤害根系。另外，追肥时应视植株生长情况，穴施在离根的适当处，以利根系的吸收。

（6）忌施浓肥。给花卉施肥，一定要严格掌握施肥量，忌浓度过大或用量过多，否则会使植株根系烧伤，严重时造成死亡，一般应做到"薄肥勤施"。

（7）忌施生肥。给花卉施用未经充分腐熟的有机肥，不仅容易传播病虫害，而且有机肥在腐熟过程中会发酵发热，烧伤植株根系。

（三）盆栽花卉的整形与修剪

盆栽花卉的整形与修剪要求，同露天花卉。

第四节 花卉的病虫害防治

花卉常见的病虫害,有白粉病、锈病、黑斑病、缩叶病、黄化病等,以及天牛类、蚜虫类、介壳虫类、金龟子类等害虫。

一、花卉常见病害的防治

(一)白粉病

1.常见花卉

常见于凤仙花、瓜叶菊、大丽菊、月季、垂丝海棠等花卉上,主要发生在叶上,也危害嫩茎、花及果实。

2.病情表现

初发病时,先在叶上出现多个褪色病斑,但其周围没有明显边缘,后小斑合成大斑。随着病情发展,病斑上布满白粉,叶片萎缩,花受害而不能正常开花,果实受害则停止发育。此病发生期可自初春,延及夏季,直到秋季。

3.防治方法

初发病时及早摘除病叶,防止蔓延;发病严重时,可喷洒0.2~0.3度石硫合剂,或1000倍70%甲基托布津液。

(二)锈病

1.常见花卉

易发此病的以贴梗海棠等蔷薇科植物居多,包括玫瑰、垂丝海棠等。另外,芍药、石竹也易患此病。

2.病情表现

发病为早春,初期在嫩叶上呈斑点状失绿,后在其上密生小黑点,初期在嫩叶黄色圆块,并自反面抽出灰白色羊毛状物,至8~9月间,产生黄褐色的粉末状物,危害严重时会引起落叶。

3.防治方法

尽量避免在附近种植松柏等转主寄生植物;早春,约为3月中旬,开始喷洒400倍20%萎锈灵乳剂液或50%退菌特可湿性粉剂,约经半个月后再喷一次,直到4月初为止,若春季少雨或干旱,可少喷一次。

(三)缩叶病

1.常见花卉

主要发生在梅、桃等蔷薇科植物的叶片上。

2.病情表现

早春初展叶时，受害叶片畸形肿胀，颜色发红。随着叶片长大，而向反面绻缩，病斑渐变成白色，并且其上有粉状物出现。由于叶片受害，嫩梢不能正常生长，乃至枯死。叶片受害严重，易掉落，从而影响树势，减少花量。

3.防治方法

发病初期，及时摘除初期显现病症的病叶，以减少病源传播；早春发芽前，喷洒3～5度石硫合剂，经消除在芽鳞内外及病梢上越冬的病源。倘若能连续两三年这样做，就可以比较彻底地防治此病。

二、花卉常见虫害的防治

（一）蚜虫

1.常见花卉

多种盆栽花卉均受蚜虫危害，例如桃、月季、榆叶梅、梅花等。

2.病情表现

蚜虫多聚集在叶片反面，以吸食叶液为生。随着早春气温上升，受害叶片不能正常展叶，新梢无法生长，严重时会造成叶片脱落，影响开花。至夏季高温时，有些蚜虫迁飞至其他植物如蔬菜等上，直至初冬再飞回树上产卵越冬。

3.防治方法

防治方法有：发芽后展叶前，可喷洒1000倍40%乐果乳剂，以杀死初经卵化的幼蚜；也可先不喷药，以保护瓢虫等天敌，让其消灭蚜虫，直至因种群消长失衡，天敌无法控制蚜虫时，再考虑用药。

（二）介壳虫

介壳虫种类之多、危害花木之众为害虫之最。龟甲蚧，白色脂质，圆形。桑白蚧，白色，尖形。牡蛎蚧，深褐色，雄虫长形，雌虫圆形。盔甲蚧，深褐色，圆形，形似盔甲。

1.常见花卉

易受介壳虫危害的植物有山茶、石榴、夹竹桃、杜鹃、木槿、樱花、梅、桃、海棠、月季等。

2.病情表现

幼虫先在叶片上吸食汁液，使叶片失绿，至成虫时，多在枝干上吸食汁液，严重衰弱树势而影响开花。

3.防治方法

用手捏死或用小刀刮除叶片和枝干上的害虫，在幼虫期喷洒1000倍40%乐果乳剂1～2次，其间相隔7～10天。

（三）红蜘蛛

红蜘蛛的虫体小，几乎肉眼难以分辨。多呈聚生，且繁殖速度极快。

1.常见花卉

易受危害的植物很多，如月季、玫瑰、花桃、樱花、杜鹃等。

2.病情表现

虫聚生于叶片背面吸食汁液，初使叶片失绿，最终造成叶片脱落、新梢枯死。严重时，小树生长衰弱甚至死亡。

3.防治方法

于初发期喷洒1000倍40%乐果乳剂，或1000～1500倍40%三氯杀螨乳剂，喷杀时要周到密布。夏季高温时，该虫繁殖快，往往防治不及，要早喷洒农药，且要连续3～4次，其间间隔7天左右，而且不要单一使用一种农药，以免产生抗药性。

（四）线虫

线虫危害植物根部，引起植物发育不正常。

1.常见花卉

受害植物有兰花、康乃馨、水仙、牡丹等。

2.病情表现

虫害轻时，往往不易察觉。虫害严重时，植物生长不良，开花不旺。由于土壤中线虫种类繁多，虫体幼小，肉眼几乎看不到。

3.防治方法

每千克种植土壤中加20～30粒3%呋喃颗粒剂，通过土壤溶解，缓缓释放，来消灭线虫。

（五）毛虫类

毛虫类有天幕毛虫、舟形毛虫等。食性很杂，几乎危害所有植物，呈暴发性。要及早防治，主要可采用人工捕捉的方法，必要时用1000倍40%乐果乳剂喷洒。

1.常见花卉

常见于桃、梅、樱花等。

2.病情表现

幼虫在枝干中蛀食，严重的可使2～3年生大枝蛀断，影响树姿。

3.防治方法

平时注意观察，当枝干上有蛀孔，并自蛀孔排泄小颗粒状粪便时，可用铁线自蛀孔向虫道挖除，或将枝剪断，杀死害虫。用150倍80%的敌敌畏乳剂，用注射器由虫道排粪口注入，然后以湿泥将虫道堵住，杀死害虫。

（六）地下害虫

蛴螬，即金龟子幼虫，白色。地老虎，绿黑色。在土壤里以取食植物根或根颈部为生，常致植物死亡。防治方法是及时从其入土洞口挖除。

第五节 布置花坛

布置花坛是园林绿化的组成部分，尤其是在节日，公园绿地、街头巷尾用各色鲜花布置多种形式的花坛，呈现万紫千红、花团锦簇的景观，更能增添喜庆气氛。花坛的种类和布置形式多样，人们把以花卉为主要植物材料，集中布置成以观赏为主要目的的植物配植，称为花坛。

一、平面花坛

平面花坛是指从表面观赏其图案与花色的花坛。花坛本身除呈简单的几何形状外，一般不修饰成具体的形体。这种花坛在社区绿化中最为常见（见图4-3）。

图4-3 平面花坛

1.整地

（1）整地的质量要求。栽培花卉的土壤必须深厚、肥沃、疏松。所以，开辟花坛之前，一定要先行整地，将土壤深翻30厘米以上。在深翻细耙过程中清除草根、石块及其他杂物，施入基肥，严禁混入有害物质。如果栽植深根性花卉，土壤还要翻得更深一些。如果土质很差，则应全部换成符合要求的土壤。

（2）花坛的表面地形处理。平面花坛的表面不一定呈水平状，花坛用地应处理成一定的坡度，为便于观赏和有利于排水，可根据花坛所在位置，决定坡的形状。若从四面观赏，可处理成中间高四周低或台阶状等形式；如果只是单面观赏，则可处理成一面坡的形式。花坛形式如图4-4所示。

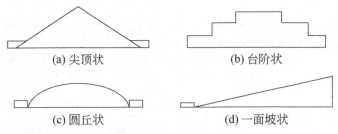

| (a) 尖顶状 | (b) 台阶状 |
| (c) 圆丘状 | (d) 一面坡状 |

图4-4　花坛形式

（3）花坛的地面、边饰、边界。花坛的地面应高出所在地的地平面，这样有利于排水。尤其是四周地势较低之处，更应如此。为了使花坛有明显的轮廓和防止水土流失，四周最好以花卉材料作边饰，如麦冬、雀舌黄杨、龟甲冬青等。同时，应作边界，可用砖块、预制块、天然石块等修砌。单面设置的最好用常绿树（如桂花、含笑等）作背景加以衬托，这样更为美观。

2.定点、放线

栽植花卉前，先在地面上准确地划出花坛位置和范围的轮廓线。放线常用的方法如表4-11所示。

表4-11　定点、放线的方法

序号	类　别	具体方法
1	图案简单的规则式花坛	图案简单的规则式花坛是根据设计图纸直接用皮尺量好实际距离，并用灰点、灰线做出明显标记即可
2	模纹花坛	模纹花坛是图形整齐、图案复杂、线条规则的花坛，称为模纹花坛。一般以五色草为主，再配植一些其他花卉作为布置模纹花坛的材料。模纹花坛放线严格，可用较粗的铁丝按设计图纸的式样，编好图案轮廓模型，检查无误后，在花坛地面上轻轻压出清楚的线条痕迹
3	有连贯和重复图案的花坛	有连贯和重复图案的花坛是指有些模纹花坛的图案，是互相连贯和重复布置的。为保证图案的准确性，可以用较厚的纸板，按设计图剪好图案模型，在地面上连续描画出来

此外，放线要考虑先后顺序，避免踩乱已放印好的线条。

3.栽植

不同的花苗，栽植方法是不一样的，具体如表4-12所示。

表4-12　不同花苗的栽植方法

序号	类　别	花卉品种
1	栽植裸根花苗	栽植裸根花苗时裸根花苗应随起随栽，尽量保持根系完整。裸根花苗在栽植前可将须根切断一些，以促使速生新根。栽裸根花苗时，每栽一株均需用双手拇指和食指将土按实

序号	类　别	花卉品种
2	栽泥球花苗	栽泥球花苗起苗时，要保持泥球完整，根系丰满。栽植穴要挖大些，保证苗根舒展。栽泥球苗时，要用小锄头将土壤捣实
3	栽盆育花苗或营养钵花苗	栽盆育花苗或营养钵花苗时，先将盆脱去，但应保持盆土不散，方法与栽泥球花苗相同。如布置临时性花坛，可连盆将花苗栽于花坛内，盆沿与花坛土面平齐即可

4.栽植顺序

（1）单个的独立花坛，应按由中心向四周的顺序退栽。

（2）一面坡式的花坛，应按自上而下的顺序栽植。

（3）高低不同品种的花苗混栽时，应先栽高的，后栽低矮的。

（4）宿根、球根花卉与一两年生花卉混栽的，应先栽宿根、球根花卉，后栽一两年生花卉。

（5）模纹花坛，应先栽好图案的各条轮廓线，然后再栽轮廓线内部的填充部分。

（6）大型花坛，可以分区、分块栽植。

5.栽植距离

花的栽植间距，要以植株的高低、分蘖的多少、冠丛的大小而定，以栽后不露地面为原则。也就是说，距离以相邻的两株花苗冠丛之和决定。然而，栽植尚未长大的小苗，应留出适当的空间。栽植模纹花坛，植株间距应适当密些。栽植规则式花坛，花卉植株间错开栽植成梅花状（或叫三角形栽植）。

6.栽植深度

栽植深度，对花苗的生长发育有很大的影响。栽植过深，对花苗根系生长不利，甚至会腐烂死亡；栽植过浅，花苗不耐干旱，而且植株易倒伏。栽植深度以壅土刚盖没根颈部为宜。栽好后，应使用细眼喷嘴浇水，防止水流冲倒花苗，待第一次浇的水渗入土壤后再浇一次，确保浇透。

7.花卉更换

由于各种花卉都有一定的花期，要使花坛有花，要根据季节和花期适时更换花卉。全年换花次数一般不少于4次，要求高的花坛每年换花多达8次。

二、立体花坛

所谓立体花坛就是用砖、木、竹、泥、钢筋、钢管、角钢等制成骨架，再用五色草布置外形的植物配植形式，如布置成花瓶、花篮、鸟、兽等形状（见图4-5）。

园林绿化养护从入门到精通

图4-5　立体花坛

1.制作立体造型骨架

立体花坛造型必须达到艺术和牢固性的统一，一般应有一个特定的外形，根据花坛设计图而定。外形结构的制作方法是多种多样的，目前常用钢筋、钢管、角铁制成造型骨架，中心用废旧的砖块、泡沫塑料等作填充物，基座用木工板等制成。然后，再用细网眼（1.5厘米×1.5厘米）铁丝网将造型骨架和基座固定好，填入疏松的细土作为栽植五色草时固定根系的基质。

2.布置立体花坛

布置立体花坛的步骤与要求如表4-13所示。

表4-13　布置立体花坛的步骤与要求

序号	步　骤	具体要求
1	栽植五色草	立体花坛的主体植物材料一般用五色草，五色草宜小不宜大，以扦插刚发根成活的小苗为好。五色草从铁丝网的细孔中栽入，栽植时用刀、竹签先打一小孔，再将五色草的根系理直插入孔中，插入时要使根系舒展，然后把土填实。栽植的顺序一般应由下部开始，顺序向上栽植。栽植密度应稍大一些
2	及时修剪	及时修剪是指为克服植株向上弯曲生长（植物的背地性生长习性）现象的发生，应及时进行修剪，并经常整理外形
3	点缀花卉	花瓶式立体花坛的瓶口、花篮式立体花坛的篮口等，可以布置一些开放的鲜花，立体花坛基座四周应布置草花或布置成模纹花坛

3.立体花坛养护

立体花坛的养护主要包括以两项工作，如图4-6所示。

立体花坛布置好后，每天都应喷水，一般喷两次。天气炎热、干旱时，应多喷几次。喷水的喷嘴要求能喷出细而密的雾滴，避免水流大冲刷泥土。如果立体花坛面积大，可用机动喷雾器喷水	◁ 喷水	因连续下雨，雨水过多会造成五色草霉烂，要注意防护，如采用塑料薄膜进行遮盖等
	防止霉烂 ◁	

图4-6　立体花坛的养护要点

三、花台

花台又称花池，是我国传统的花卉种植形式，在我国已有悠久的历史（见图4-7）。其特点是以假山石料或砖块等堆砌成高出地面的池状花坛，故人们习惯称之为"花池"。现今在花台的应用上，各地多喜欢和假山叠石相结合。花台植物的配植采用草本和木本相结合的原则。

图4-7 花台

1.花台的位置

花台设置位置一般在庭院的中央、两侧或角隅，亦有与建筑相连而设于墙基、窗下或门旁的。

2.花台花卉的选择

花台因布置形式及环境不同而风格各异。

（1）我国古典园林及民族式的建筑庭院内，花台常成"盆景式"，以松、竹、梅、牡丹、杜鹃等为主，配饰山石小草，重姿态风韵，而不在乎色彩华丽。

（2）花台以栽植草花作整形布置时，其选材基本上与花坛相同，但因面积狭小，一个花台内常用一种花卉。因其台面高于地台，故更应选株形较矮或茎叶匍匐、下垂于台壁的花卉。

3.适用于花台的花卉品种

适用于花台的花卉品种如表4-14所示。

表4-14 适用于花台的花卉品种

序号	类　别	花卉品种
1	木本类	木本类的品种有：松、梅、牡丹、杜鹃、月季、迎春、贴梗海棠、垂丝海棠、山茶、栀子、含笑、棣棠、金丝桃、紫玉兰、云南黄馨、南天竹、八仙花等
2	草本类	草本类的品种有：芍药、萱草、玉簪、鸢尾、兰花、麦冬、沿阶草、水仙、葱兰、石蒜等
3	竹类	竹类的品种有：紫竹、方竹、凤尾竹、菲白竹等

4.花台植物的栽植

花台内栽种的植物多注重单株形态，栽植时要求精细。栽植木本花卉时，栽植穴要略大于植株的根系或泥球，穴底部必须符合栽植要求，入穴时要深浅适中，要调整植株观赏面和姿态，种植后土壤一定要按实，定植后要浇足水，并作整形修剪，保持树形完美。栽植花卉时，与布置花坛时的种植要求相同。

5.花台的养护管理

花台养护管理一般要求精细，应根据不同花卉品种的栽培要求和观赏要求，进行修剪、施肥和病虫害防治，以促进正常生长发育。对特殊姿态造型的树木，更需注重整形修剪，并加以保护，以保持其特定的优美姿态。

第六节 花卉的花期调控

花期调节又称催延花期或促成和抑制栽培，就是通过某些栽培手段或措施，达到将自然花期提早或延迟的目的。

一、花期调控的必要性

冬季，在我国除南方温暖地区尚有露地花卉可供应用外，在北方寒冷地区，由于冬季气温过低，不能在露地生产鲜花。为了满足冬春季节对鲜花的需要，就要采用促成和抑制栽培的方法进行花卉生产。尤其是"十一"（例如一品红的花期调控）、"五一"、元旦、春节（例如一品红的花期控制）等节日用花，需要数量大、种类多、要求质量高，还必须准确地应时开花。特别是国庆使春夏秋冬四季具有代表性的花卉，如春季的杜鹃、西府海棠；夏季的芍药、荷花；秋季的菊花、桂花；冬季的梅花、水仙、茶花等都同时开放。因而，进行花期调控也是园林绿化的重要工作之一。

二、花卉促成和抑制栽培

花卉促成和抑制栽培，就是人为地利用各种栽培措施，使花卉在自然花期之外，按照人们的意志定时开放。即所谓"催百花于片刻，聚四季于一时"。开花期比自然花期提早称为促成栽培；比自然花期延迟的称为抑制栽培。

三、确定开花调节技术的依据

确定开花调节技术的依据如下。

（1）充分了解栽培对象的生长发育特性，营养生长、成花诱导、花芽分化、花芽发育的进程和所需求的环境条件，休眠与解除休眠的特性与要求的条件，才可选定采用何种途径达到开花调节的目的。

（2）有的情况下只需一种措施就能达到定期开花的目的，在适宜的生长季内调节播种期。但是经常遇到的是须采取多种措施方可达到目的。如菊花周年供花需要调节扦插时期、摘心时期，采用长日照抑制成花促进营养生长，应用短日照诱导孕育花芽和花芽分化等多项措施。

（3）在控制环境调节开花时，需了解各环境因子对栽培对象起作用的有效范围及最适范围，分清质性作用范围与量性作用范围，同时还要了解各环境因子之间的相互关系，是否存在相互促进或相互代替的性能，以便在必要时相互弥补。低温可以部分代替短日照作用，高温可部分代替长日照作用，强光也可部分代替长日照作用。

（4）控制环境实现开花调节需要加光、遮光、加温、降温及冷藏等特殊设施，在实施栽培前须先了解或测试设施、设备的性能是否与栽培对象的要求相符合，否则可能达不到目的。如冬季在日光温室促成栽培唐菖蒲，而温室缺乏加温条件，当地光照过弱，则往往出现"盲花"、花枝产量低或每穗花朵过少等现象。

（5）控制环境调节开花时，应尽量利用自然季节的环境条件以节约能源及设施。如促成木本花卉，可以部分或全部利用户外低温以满足花芽解除休眠对低温的需求。

（6）人工调节开花，必须有密切目标和严格的操作计划。根据需求确定花期，然后按既定目标制订促成或抑制栽培计划及措施程序。并需随时检验，根据实际进程调整措施。在控制发育进程的时间上要留有余地，以防以外。

（7）人工调节开花，应该根据开花时期选用适宜的品种。如早花促成栽培宜选用自身花期早的品种，晚花促成栽培或抑制栽培宜选用晚花品种，可以简化栽培措施。如香豌豆是量性长日花卉，冬季生产可用长日性弱的品种，夏季生产可用长日性强的品种。

（8）不论促成栽培或是抑制栽培，都需要与土、肥、水、气及病虫害等常规管理相配合，不可掉以轻心。

四、处理前预先应做好的准备工作

（一）花卉种类和品种的选择

在确定用花时间以后，首先要选择适宜的花卉种类和品种。一方面被选花卉应能充分满足花卉应用的要求，另外要选择在确定的用花时间比较容易开花、不需过多复杂处理的花卉种类，以省处理时间、降低成本。同种花卉的不同品种，对处理的反应常是不相同的，有时甚至相差较大，例如菊花早花品种"南洋大白"，短日照处理50天开花；而晚花品种"佛见笑"则要处理60～70天才开花。为了提早开花，应选用早花品种，若延迟开花，则应选用晚花品种。

（二）球根成熟程度

球根花卉进行促成栽培，要设法使球根提早成熟，球根的成熟程度对促成栽培的效果有重大影响。成熟程度不高的球根，促成栽培反应不良，开花质量降低，甚至球根不能发芽生根。

（三）植株或球根大小

要选择生长健壮、能够开花的植株或球根。依据商品质量要求，植株和球根必须达到一定的大小，经过处理开花才有较高的商品价值。如采用未经充分生长的植株进行处理，结果植株在很矮小的情况下开花，花的质量就低，不能满足花卉应用的需要。同时某些花卉要生长到一定年限才能开花，处理时要选用达到开花苗龄的植株。球根花卉当球根达到一定大小时才能开花，如郁金香鳞茎重量为12克以上，风信子鳞茎周径要达到8厘米以上等。

（四）处理设备

要有完善的处理设备，如温度处理的控温设备、日照处理的遮光和加光设施等。

（五）栽培条件和栽培技术

要有良好的栽培设备和熟练的栽培技术。促成和抑制栽培效果的好坏，除取决于处理措施是否科学和完善外，栽培管理也是十分重要的，优良的栽培环境加上熟练的栽培技术，可使处理植株生长健壮，提高开花的数量和质量，提高商品价值，并可延长观赏期。

五、调节花期的园艺措施

（一）温度处理

温度处理包括低温处理和加温处理两方面：加温处理，低温处理。

1.花卉温度处理要综合考虑的问题

（1）同种花卉的不同品种感温性常有差异。

（2）处理温度的高低，多依该种花卉原产地或品种育成地的气候条件而不同。温度处理一般以20摄氏度以上为高温，15～20摄氏度为中温，10摄氏度以下为低温。

（3）处理温度亦因栽培地的气候条件、采收的早晚（如球根花卉）、距预定开花期时间的长短、球根的大小等而不同。

（4）处理的适宜时间，是在休眠期处理、还是生长期处理，因花卉种类或品种的特性而不同。

（5）温度处理的效果，因花卉种类和处理日数多少而异。

（6）许多花卉的促成和抑制栽培，常需同时进行温度和日照长度的综合处理或在处理过程中先后采用几种处理措施才能达到预期的效果。

（7）处理中或处理后的栽培管理情况对促成和抑制栽培的效果有极大影响。

2.加温处理

（1）促进花芽的发育和开花，对已完成花芽分化的因环境不宜而未开花，如腊梅、梅花、迎春等木本盆栽花卉在预定花期前25天移至25摄氏度的温室内处理10天。

多年生花卉又分一次花芽分化多次开花或连续花芽分化连续开花的情况，应在环境温度下降之时不开花而休眠之前移至温室内，如美人蕉、大丽花、非洲菊等。

（2）促进营养生长，提前开花。一两年生的花或秋花类因开花时温度低开花慢，可在幼苗（早春）阶段放入温室内，缩短营养生长，提前开花，如瓜叶菊等。

（3）打破休眠，促进生长发芽。高温打破休眠提早发芽、提早定植处理种子或种球。如唐菖蒲春花、秋花栽培。

3.低温处理

既有促成栽培，也有延迟栽培的用途。

（1）延长休眠期延迟开花。具有休眠的繁殖材料在早春气温回升前降温处理，避免自然发芽。繁殖材料为球根、球茎的多用，在1～3摄氏度条件下干藏至预定发芽开花期。

（2）减缓生长，延迟花芽分化或花蕾的形成。在花芽分化前控制在最低生长温与最适生长温度之间，多为盆栽花卉，如瓜叶菊、八仙花、唐菖蒲等。

（3）低温直接抑制花蕾开花。多年生花卉、草花均可采用，注意温度不宜过低，花蕾耐低温的能力较差，低温处理时间不宜太早，避免花器发育不完全，太晚又达不到目的。

（4）强迫休眠，使春花秋开，其步骤如图4-8所示。

多年生木本花卉，如碧桃、牡丹、玉兰、丁香、海棠等盆栽时采用。

仙客来、倒挂金钟等一些夏季开花的种类，可以采用降低温度的方法，使其避过高温的不利条件而在夏季开出丰硕的花朵来。

（5）打破休眠，促进早花。种子、种球具有低温休眠的特性的，人工低温处理，提早发芽开花。如果树的层级处理种子、百合的球茎、唐菖蒲夏季休眠球茎有2～4个月休眠期（春播），先用35摄氏度处理球茎15～20天，1～3摄氏度处理20天后在15～20摄氏度便可开花。

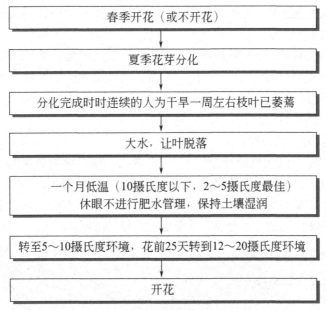

图4-8 强迫休眠春花秋开的步骤

（6）快速通过春化阶段，提早开花。一两年生草花，尤其是两年生草花，须低温完成春化阶段（营养生长前期），在幼苗期认为低温处理，如紫罗兰、报春花、小苍兰、瓜叶菊等。瓜叶菊15摄氏度下6周完成春化阶段通过花芽分化，正常温度下8周；报春花10摄氏度处理幼苗。

（二）光照处理

光照处理包括长日照处理、短日照处理和光暗颠倒处理三种方式。对光周期敏感的花卉进行处理才有明显效果，对中性日照植物无意义。在花芽分化和开花两个时期最为有效。

1.短日照处理

自然光照的非短日照的条件下，对短日照植物进行短日照处理，起促成栽培作用；对长日照花卉处理其抑制栽培作用。在处理时需注意以下几点。

（1）处理时间为预定花期前40～50天。

（2）每天控制11小时以内。

（3）中间不能漏光。

（4）短日照处理的花卉要保证一定的营养生长量，但要控制N肥的使用，保证P、K肥的使用。

2.长日照处理（短日照季节）

对长日照花卉——促成栽培，对短日照花卉——抑制栽培。

每天自然光照条件下进行补光栽培，满足光照14小时左右，在日落以后进行

人工补光，光照强度100勒克斯即可（白炽灯在花蕾上方1米，100瓦的可照16平方米，60瓦可照5平方米）

植株的感光部位主要为叶表面和顶芽附近，也是遮光处理的部位。

对秋菊抑制栽培延至春节开花，人为长日照处理，在9月花芽分化前每天光照14小时至10月中下旬停止处理，任其在自然光照下栽培，一般在开花前40～50天左右停止补光。

3.光暗颠倒（黑白颠倒）

光暗颠倒可以改变夜间开花的习性。"昙花一现"说明昙花的花期很短，但是，更重要的是昙花的自然花期是在夏季午后的21时至23时左右，使人们欣赏昙花受到限制。如果当昙花花蕾形成，长达8厘米左右的时候，白天遮光，夜晚开灯照明，就可使昙花在白天开放，且能延长开放的时间。

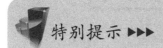 特别提示 ▶▶▶

　　光控处理采用的光源，以红光最为有效。波长630～669纳米作用最轻。其次是蓝紫光。同时也要配合其他的管理。

（三）药剂处理

应用一些化学药剂或激素物质处理花卉，可以达到使其提前开花或延迟开花的目的。药剂或激素处理由于药品的来源不同，花卉生长发育的状态不同，每次应用均应严格地进行试验。

常用的药剂有赤霉素、乙酸、萘乙酸（NAA）、2, 4-D、秋水仙素、吲哚乙酸（IAA）、乙炔、马来酸肼（MH）、脱落酸（ABA）等。

药剂的应用主要起三个方面的作用，如表4-15所示。

表4-15　药剂的应用功能及举例

序号	作用	具体说明
1	打破休眠	（1）如用0.05%～0.1%的赤霉素涂抹在牡丹、芍药的休眠芽上，几天后就能使芽萌发生长； （2）0.01%～0.02%的赤霉素溶液浸泡晚香玉休眠的球根，也可使其提早发芽； （3）0.1%的赤霉素浸泡百合鳞茎； （4）用乙烯气体熏蒸郁金香鳞茎，浓度为0.5微升鳞茎连续3天； （5）唐菖蒲的球根，0.001%～0.005%的6-BA浸泡24小时
2	促进开花	（1）赤霉素、乙烯利、矮壮素、B9等对于一些花卉具有代替低温和长日照的作用。可诱导花芽分化，促进长日照花卉提前开花。 ①200～300毫升/千克赤霉素溶液喷洒生育期75天以上的满天星植株叶片上，每隔3天喷一次，连续3次。夏季可提早15天开花，冬季提

序号	作　用	具体说明
2	促进开花	早45天以上。 　②0.8%～1.2%的赤霉素溶液注射到山茶花芽的基部，可使其在2～3月开花，而且，花朵大，花期长。 　③0.1%的赤霉素滴在水仙花蕾上，也可促使其提早开花。 　（2）应用一定种类的生长延缓剂（矮化剂）来控制花卉的生长，使其节间缩短，长得矮壮，株形美观。 　①唐菖蒲种植后，用浓度为0.8%的矮壮素浇灌土壤，每周1次，共3次，可使其产生侧花枝，提前产生花蕾，早开花。 　②金鱼草、金盏菊、百日草，幼苗期喷施0.25%～0.5%的B9（丁酰胺），不仅提前开花，还可使花朵紧凑美观。 　③一品红、菊花、杜鹃花用0.2%～1%的矮壮素叶面喷洒或浇灌土壤，可使植株健壮，提前开花，增大花冠，花色鲜艳。 　观赏凤梨筒状叶中灌注50～100毫升/千克的乙烯利溶液，可以诱导花的形成，提早开花
3	延迟开花	延迟开花可以用吲哚乙酸（IAA）、a-萘乙酸（NAA）、2,4-D，对植物体内开花素具有抑制作用，从而有效地延迟花期

特别提示 ▶▶▶

使用赤霉素应注意浓度过高易引起畸形，药效时间2～3周。应于花卉生长发育的适当阶段，进行适量的处理，可涂抹或点滴施用。若开花时赤霉素仍有药效，则花梗细长、叶色淡绿、株形破坏，进而推迟花期。

（四）栽培措施

利用不同的栽培技术措施可以在有限的范围内调整和控制花期，如调整播种期或栽植期，采用修剪、摘心、施肥和控制水分等措施可有效地调节花期。

1.改变播种期

不需要特殊环境诱导，在适宜的生长条件下只要生长到一定大小即可开花的种类，可以通过改变播种期调节开花期。多数一年草本花卉属于日长中性，对光周期小时数没有严格要求，在温度适宜生长的地区或季节采用分期播种，可在不同时期开花。如果在温室提前育苗，可提前开花，秋季盆栽后移入温室保护也可延迟开花。如翠雀的矮性品种、一串红的花期调节。

两年生花卉需要在低温下形成花芽和开花。在温度适宜的季节或冬季在温室保护，也可调节播种期在不同时期开花。金盏菊在低温下播种30～40天开花，自7～9月陆续播种，可于12月至次年5月先后开花。紫罗兰12月播种，5月开花；2～5月播种，则6～8月开花；7月播种，则2～3月开花。"十一"用花的花卉种类和播种期如表4-16。

表4-16 "十一"用花的花卉种类和播种期

播种期	花卉种类
3月中旬	百子石榴
4月初	一串红
5月初	半支莲（摘心2次）
5月下旬	马利筋
6月初	鸡冠花
6月中旬	圆绒鸡冠、翠菊、美女樱、银边翠、旱金莲
6月下旬	大花牵牛、茑萝、万寿菊
7月中旬	百日草、孔雀草、凤仙、万寿菊、千日红
7月下旬	矮翠菊

2.调节扦插期

如需"十一"开花，可于3月下旬栽植葱兰，5月上旬栽植荷花（红千叶），7月中旬栽植唐菖蒲、晚香玉，7月25日栽植美人蕉（上盆，剪除老叶、保护叶及幼芽）。

如"五一"用花，一串红可于8月下旬播种，冬季温室盆栽，不断摘心，不使开花，于"五一"前25～30天，停止摘心，"五一"时繁花盛开，株幅可达50厘米。

其他如金盏菊9月播种，冬季在低温温室栽培，12月至次年1月开花。

3.修剪

用摘心、修剪、摘蕾、剥芽、摘叶、环剥等措施，调节植物生长速度。依植物种类及摘取量的多少和季节有所不同。如一串红，天竺葵等都可以在花后进行修剪，并加强管理，即可重新抽枝发叶，开花。摘心处理有利于植株整形和延迟开花。剥去侧芽侧蕾，有利于主芽开花。摘除顶芽顶蕾，有利于侧芽侧蕾开花。环割使养分聚于上部花枝，有利于开花。

为"十一"开花，早菊的晚花品种7月1～5日，早花品种7月15～20日修剪。例如荷兰菊，3月上盆后，修剪2～3次，最后1次在"十一"前20天进行。

一串红于"十一"前25～30天摘心。

榆叶梅于9月8～1日摘除叶片，则9月底至10月上旬开花。

月季花、茉莉、香石竹、倒挂金钟、一串红等多种花卉，在适宜条件下一年中可多次开花，可通过修剪、摘心等技术措施可以预定花期。

月季花从修剪到开花的时间，夏季约40～45天，冬季约50～55天；9月下旬修剪可于11月中旬开花，10月中旬修剪可于12月开花，不同植株分期修剪可使花期相接。

一串红修剪后发生新枝约经20天开花，4月5日修剪于5月1日开花，9月5日修剪可于国庆节开花。

荷兰菊在短日照期间摘心后新枝经20天开花，在一定季节内定期修剪也可定期开花。

4.施肥

适当增施磷钾肥，控制氮肥，常常对花卉的发育起促进作用。通常氮肥和水分充足可促进营养生长而延迟开花，增施磷肥、钾肥有助抑制营养生长而促进花芽分化。菊花在营养生长后期追林、钾肥可提早开花约1周。能连续发生花蕾，总体花期较长的花卉，在开花后期增施营养可延长总花期。如仙客来在开花近末期增施氮可延长花期约1个月。

5.控制水分

人为地控制水分，使植株落叶休眠，再于适当时候给予水分供应，则可解除休眠，发芽、生长、开花。玉兰、丁香等木本植物，用这种方法也可以在"十一"开花。

干旱的夏季，充分灌水有利于生长发育，促进开花。例如在干旱条件下，当唐菖蒲抽穗期充分灌水，可提早开花约1周。

 特别提示 ▶▶▶

花卉的花期控制，或者说促成栽培的技术措施，无论是温度处理，还是光照处理、激素处理等，都是建立在花卉的营养生长完善的基础上。无论采取什么处理方式，都要配合好的肥水管理，否则，任何处理都达不到预期的目的。

第五章
水生植物的栽植与养护

　　水生植物在园林绿化造景中是必不可少的材料。一泓池水清澈见底，令人心旷神怡，但若在池中、水，对水体起净化畔栽数株植物，定会使水景陡然增色。

1. 了解水生植物的种类及在园林绿化中的配置应用原则、形式。
2. 掌握水生植物的种植方法与养护要点。

第一节 水生植物在园林中的配置应用

能在水中生长的植物，统称为水生植物。广义的水生植物包括所有沼生、沉水或漂浮的植物。水生植物因其形态优美、色彩丰富、种类繁多，被广泛应用于城市园林水景布置中，它既能美化环境，又能净化水源，是现代园林造景中必不可少的材料（见图5-1）。

图5-1　园林中的水生植物景观

一、水生植物的分类

（一）依照生长习性分类

水生植物依照生长习性可分为两类。

1.固着性水生植物

固着性水生植物是指根必须生长在土壤中或是附着在石头上的水生植物。

2.漂浮性水生植物

漂浮性水生植物大多有根，却不固着在土壤中，常因水流或风力而飘荡。

（二）依照叶片与水面的相对位置分类

依照叶片与水面的相对位置来分，水生植物可分为五种，如表5-1所示。

表5-1　依照叶片与水面的相对位置来分

序号	种　类	具体说明
1	沉水植物	沉水植物是完全的水生植物，其植物大部分生活周期在水中生长。它们多生活在水较深的地方，根长在土里，叶片通常呈线形、带状或丝状。如金鱼草、苦草、水藓、虾藻等
2	浮水植物	浮水植物是茎叶漂浮于水面、根部不在水底扎根的植物，其植株垂直于水中，随水漂流，若水位较低时，根部也会固着于土中，但附着能力差，只要水位一上升，植株即漂浮起来。如满江红、大藻、凤眼莲、水鳖、浮叶眼子菜、浮萍等
3	浮叶植物	浮叶植物是根系或地下茎须扎根水底，茎生长在于水中，叶柄长度随水位而伸长，叶及花朵浮在水面上的水生植物。如睡莲、芡实、萍蓬草、王莲等
4	挺水植物	挺水植物是种植在浅水或水边的水生植物，其根部固着于土中，部分茎和叶伸出水面，直挺在空中，光合作用组织气生的植物。挺水型水生植物植株高大，花色艳丽，挺水型植物种类繁多，常见的有荷花、黄花鸢尾、千屈菜、菖蒲、香蒲、慈姑、鱼腥草、水葱等
5	海生植物	海生植物是咸水类型的水生植物，生长在热带、亚热带河口交汇处或海岸地区泥土松软淤积的潮湿地带。如秋茄、桐花树、白骨壤等

二、水生植物的配置原则

（一）变化与统一

变化与统一是形式美的总法则，水生植物的配置也不例外，不同类型的水生植物的应用使景观变得丰富，但与此同时要注意事物的统一性，在选择植物时要使其形体、体量、色彩、线条、形式、风格等方面要有一定的一致性，表现出事物的规律性。

（二）对称与均衡

对称与均衡是自然界普遍存在的状态，对称使画面显得稳定、庄重，而均衡是一种有变化的对称，是人们审美心理中的一种动态平衡。在水生植物的应用中以均衡居多，因为水本身就是流动的、自由的、活泼的，完全对称的配置会使其显得呆板。

（三）对比与调和

水生植物造景，按照调和的原理，应注重水生植物之间，水生植物与环境之间的和谐协调，给人产生柔和舒适的美感。

（四）韵律与节奏

韵律与节奏是指事物有规律的重复，而韵律是节奏形式的深化。水生植物在造景时不能随意的布置，要能够表现韵律美，这样所创造的景观才会生动迷人。

三、水生植物的配置形式

（一）水域宽阔处的水生植物配置应用

水域宽阔处的水生植物配置应以营造水生植物群落景观为主，主要考虑远观。植物配置注重整体大而连续的效果，主要以量取胜，给人一种壮观的视角感受。如黄菖蒲片植、荷花片植、睡莲片植、千屈菜片植或多种水生植物群落组合等。

（二）水域面积较小处的水生植物配置应用

域面积较小处的水生植物配置主要考虑近观，更注重植物单体的效果，对植物的姿态、色彩、高度有更高的要求，运用手法细腻，注重水面的镜面作用。所以，水生植物配置时不宜过于拥挤，以免影响水中倒影及景观透视线。如黄菖蒲、水葱等以多丛小片栽植于池岸，疏落有致，倒影入水，自然野趣，水面上再适当点植睡莲，丰富了景观效果。配置时水面上的浮叶及漂浮植物与挺水植物的比例要保持恰当，一般水生植物占水体面积的比例不宜超过1/3；否则易产生水体面积缩小的不良视觉效果，更无倒影可言。对生长过于拥挤繁盛的浮叶、挺水植物，应及时采取措施控制其蔓延。水缘植物应间断种植，留出大小不同的缺口，以供游人亲水及隔岸观景。

（三）自然河流的水生植物配置应用

河流两岸带状的水生植物景观要求所用植物材料高低错落、疏密有致，能充分体现节奏与韵律，切忌所有植物处于同一水平线上。河道两岸的水生植物可用溪荪、黄菖蒲、菖蒲、再力花组团；黄菖蒲、花叶芦竹、芦苇、蒲苇组团；慈菇、黄菖蒲、美人蕉组团；芦竹、水葱、黄菖蒲、花叶芦竹、美人蕉、千屈菜、再力花、睡莲、野菱组团；水葱、黄菖蒲、海寿花、千屈菜组团；黄菖蒲、菖蒲、水烛、水葱、睡莲组团；水葱、海寿花、睡莲、再力花、野菱组团等。

（四）人工溪流的水生植物配置应用

人工溪流的宽度、深浅一般都比自然河流小，一眼即可见底。硬质池底上常铺设卵石或少量种植土，以供种植水生植物绿化水体，此类水体的宽窄、深浅是植物配置重点考虑的因素。一般应选择株高较低的水生植物与之协调，且量不宜过大，种类不宜过多，只起点缀作用。一般以水蜡烛、菖蒲、石菖蒲、海寿花等几株一丛点埴于水缘石旁，清新秀气。对于完全硬质池底的人工溪流，水生植物的种植一般采用盆栽形式，将盆嵌入河床中，尽可能减少人工痕迹，体现水生植物的自然之美。

第二节 水生植物的种植

一、水生植物品种选择及配置

（一）水景植物的选择原则

水景植物的种类及其繁多，在园林绿化中，选择植物也应遵循一定的美学、生态学及经济学原则。

1.选择易于管理的植物品种

水景植物是否适合于某个特定的水体，不仅仅在于它是否好养、成活率是否高，更在于它对于后期的管理要求的高低，以及是否较好的符合设计意图。

水景中植物的管理的难易程度，主要与所选的植物种类有关，选择不会蔓生或不会自动播种的植物品种，会使水景池的养护力度大大降低。最易于管理的植物种类是那些能维持一定生长秩序和状态的植物，像沼泽金盏草、垂尾苔草和很多适度生长的鸢尾类。

在选择植物时，还要考虑水体所在的环境特点，以此选择适宜的品种。如在通风地带，要仔细地衡量植物的抗强风能力，避免种植一些容易倒伏的植物品种。低矮而又粗壮的植物抗风能力强，但在某些情况下，会使整个水池在立面的景观效果上不太符合美学上的要求。

2.选择不同开花季节的植物

很多水景植物都是开花植物，给水景带来不同的色彩景观。在选择植物时，应考虑到色彩在时间上的延续性和变化性，可以通过选择在不同季节开花的植物搭配来维持水景在色彩上的动人效果。例如，早春时，水池里金盏草属的植物最先开花，最常见为长柱驴蹄草及其变种；随后湿地中的樱草类植物就会绽放出亮丽的各色花朵。在它们之后，浅水中鸢尾类植物开始绽放。随后，睡莲便会成为水体中的焦点，并能维持到夏季末。秋天时分，芦苇及灯芯草类会开出灰褐色的花冠，期间芫荽、梭鱼草和花蔺类植物会给景观增添别样的亮色，一些秋季叶色变化的观叶植物最终将水景带入深秋。在冬季，水景虽是一片死寂的景象，但一些植物残留的干花，如水车前等，仍然会产生一点情趣。这些干花会非常吸引人，尤其在下雪后更富有情趣。

（二）不同季节不同水深适合种植的水生植物

用于园林绿化的以挺水植物和浮叶植物为主，但是不同季节不同水深适合种植的水生植物品种也不一样。

1. 挺水植物

挺水植物有荷花、香蒲、水葱、茭草、芦苇、菖蒲、旱伞草、再力花、千屈菜、梭鱼草，其种植季节、适宜水深和温度如表5-2所示。

表5-2　挺水植物的种植季节、适宜水深和温度

编号	名称	种植季节	适宜水深	适宜温度/摄氏度
1	荷花	3～4月分株繁殖	栽种后10～15厘米，之后40～120厘米	20～35
2	香蒲	香蒲的移栽3～11月均可进行	初栽时期3～5厘米，旺盛生长期10～15厘米	15～30
3	水葱	旺盛生长期主要在3～10月	初期10～15厘米，栽种后20～30厘米	15～30
4	茭草	3月份萌芽，生长旺盛期为4～7月	栽种后5～7厘米，旺盛期20～25厘米	15～30
5	芦苇	旺盛生长期5～7月	分株及扦插；栽种后灌浅水养护至萌发新稍，后深水正常管理	20～30
6	菖蒲	2月萌发，生长旺盛期3～5月	分株，生长期休眠期均可。初期5～7厘米，维护水位10～15厘米	15～25
7	旱伞草	播种在3～4月，盆播为宜，播种后浸盆使土质湿润后盖薄膜或玻璃	水位要求严格，适宜的水位深度3～5厘米，水位过高影响新芽光合作用，导致腐烂	25
8	再力花	4月中旬，一般采用分株办法栽种	从水深0.6米浅水水域直到岸边，水可没基部均生长良好	最适温度为20～30摄氏度，低于20摄氏度生长缓慢，10摄氏度以下几乎停止生长
9	千屈菜	播种法在3月底4月初。分株可在4月份进行。扦插可在春夏两季进行	适宜水深为30～40厘米	最适温度为20～30摄氏度
10	梭鱼草	分株法和种子繁殖，分株在春夏两季进行，种子繁殖一般在春季进行	适宜浅水低于20厘米梭鱼草可直接栽植于浅水中，或先植于花缸内，再放入水池	适宜生长发育的温度为18～35摄氏度，18摄氏度以下生长缓慢，10摄氏度以下停止生长

2.浮叶植物

浮叶植物:睡莲、萍蓬草、荇菜、芡实等,其种植季节、适宜水深和温度如表5-3所示。

表5-3　浮叶植物的种植季节、适宜水深和温度

编号	名称	种植季节	适宜水深	适宜温度
1	睡莲	睡莲多采用分株繁殖。3月将根茎于池中或盆内掘起,切成段长约1~5厘米,用25厘米以上的大盆,盆底先装田泥,低于盆口约8厘米,将根茎放上后再覆盖薄层田泥,浇足水分,等出芽后将盆泥沉入池中。播种繁殖于3~4月进行,在水盆中盛泥,注水深1厘米,再撒一层河沙,然后下种,随芽的逐渐伸长,水位也相应逐渐升高	将盆置于温暖而阳光充足的地方,出芽后浸入水中,随叶柄不断伸长并逐渐提高水面,水深不得超过1米	15~32摄氏度,低于12摄氏度时停止生长
2	萍蓬草	萍蓬草播种繁殖;块茎繁殖:在3~4月进行,将带主芽的块茎切成6~8厘米长作为繁殖材料	适宜生在水深30~60厘米,最深不宜超过1米	生长适宜温度为15~32摄氏度,温度降至12摄氏度以下停止生长
3	荇菜	荇菜用分株和扦插法繁殖。分株于每年3月份将生长较密的株丛分割成小块另植;扦插繁殖也容易成活,它的节茎上都可生根,生长期取枝2~4节,扦于浅水中,二周后生根	荇菜在水池中种植,水深以40厘米左右较为合适,盆栽水深10厘米左右即可	水深为20~100厘米
4	芡实	(1)种子繁殖。适时播种。春秋两季均可(以9~10月为好)。 (2)幼芽移栽。前年种过芡实的地方,来年不用再播种。因其果实成熟后会自然裂开,有部分种子散落塘内,来年便可萌芽生长。当叶浮出水面,直径15~20厘米时便可移栽	适宜水深为30~90厘米	生长的适宜温度为20~30摄氏度,温度低于15摄氏度时果实不能成熟

☰ 二、水生植物的栽植方法

栽植水生植物有两种不同的技术途径:一是在池底砌筑栽植槽,铺上至少15厘米厚的培养土,将水生植物植入土中;二是将水生植物种在容器中,再将容器沉入水中。

(一)用容器栽植水生植物再沉入水中

用容器栽植水生植物再沉入水中的方法很常用,因为它移动方便,例如北方

冬季须把容器取出来收藏以防严寒；在春季换土、加肥、分株的时候，作业也比较灵活省工。而且，这种方法能保持池水的清澈，清理池底和换水也较方便。

（二）用池底砌筑栽植槽的方法

1.施工方法

水池建造时，在适宜的水深处砌筑种植槽，再加上腐殖质多的培养土。种植器一般选用木箱、竹篮、柳条筐等，一年之内不致腐烂。选用时应注意装土栽种以后，在水中不致倾倒或被风浪吹翻。一般不用有孔的容器，因为培养土及其肥效很容易流失到水里甚至污染水质。不同水生植物对水深要求不同，容器放置的位置也不相同。一般是在水中砌砖石方台，将容器放在方台的顶托上，使其稳妥可靠。另一种方法是用两根耐水的绳索捆住容器，然后将绳索固定在岸边，压在石下。如水位距岸边很近，岸上又有假山石散点，要将绳索隐蔽起来，否则会影响景观效果。

2.种植的土壤要求

可用干净的园土细细筛过，去掉土中的小树枝、杂草、枯叶等，尽量避免用塘里的稀泥，以免掺入水生杂草的种子或其他有害生物菌。以此为主要材料，再加入少量粗骨粉及一些缓释性氮肥。

⬛ 三、水生植物栽植的密度要求

水生植物种植主要为片植、块植与丛植，片植或块植一般都需要满种，即竣工验收时要求全部覆盖地面（水面）。

（一）密度过大或偏稀的缺点

1.密度过大

密度偏大主要出现在植物个体较大的水生植物，如斑茅、芡实、再力花、海寿花、红蓼、千屈菜、蒲苇、大慈姑、薏苡等。如在某施工图苗木表中标注的种植密度：芡实25株/平方米，芡实一张叶子的直径可达1.5～2.0米，每株的营养面积在4平方米以上，如果按照上述设计，密度大了一百倍。

密度太大，不仅浪费苗木，而且由于植株的营养面积过小，种植后恢复时间延长，长势不良，同时形成通风条件差，光照也不好的环境，而导致病虫害发生，严重影响景观。

2.密度偏稀

密度偏稀主要出现在植物个体较小的水生植物：尤其是莎草科、灯芯草科等叶子较小或退化成膜质、主要营养体和观赏部位都为直立茎（或称杆）的水生植物，如灯芯草、旱伞草等。

密度偏稀，植物群体的种间竞争处于不利地位，易使杂草繁衍，给养护管理带来很大困难，影响保存率。如不及时采取其他措施，最后往往成为一片荒芜之地。

（二）合适的种植密度

水生植物从分蘖特性大致可以分成三类：一类是不分蘖，如慈姑；第二类是一年只分蘖一次如玉蝉花、黄菖蒲等鸢尾科植物；第三类是生长期内不断分蘖，如再力花、水葱等。

针对这些不同的差别，种植密度可有小范围的调整。不分蘖的和一年只分蘖一次但种植时已过分蘖期的则应种密，对第三类来说，可略为稀一些，但是竣工验收时必须要达到设计密度要求。

常见的水生植物的种植密度建议如下（见表5-4）。

表5-4　常见的水生植物的种植密度

类　别	植物名称	种植密度
沉水植物	苦草	40～60株/平方米
	竹叶眼子菜	3～4芽/丛、20～30丛/平方米
	黑藻	10～15芽/丛、25～36丛/平方米
	穗状狐尾藻	5～6芽/丛、20～30丛/平方米等
浮叶植物	睡莲	1～2头/平方米
	萍蓬草	1～2头/平方米
	荇菜	20～30株/平方米
	芡实	1株/（4～6）平方米
	水皮莲	20～25株/平方米
	莼菜	10～16株/平方米
	菱	3～5株/平方米等
浮水植物	水鳖	60～80株/平方米
	大漂	30～40株/平方米
	凤眼莲	30～40株/平方米
	槐叶萍	100～150株/平方米等
挺水植物	再力花	10芽/丛、1～2丛/平方米
	海寿花	3～4芽/丛、9～12丛/平方米
	花叶芦竹	4～5芽/丛、12～16丛/平方米
	香蒲	20～25株/平方米
	芦竹	5～7芽/丛、6～9丛/平方米

类　别	植物名称	种植密度
挺水植物	慈姑	10 ～ 16株/平方米
	黄菖蒲	2 ～ 3芽/丛、20 ～ 25丛/平方米
	水葱	15 ～ 20芽/丛、8 ～ 12丛/平方米
	花叶水葱	20 ～ 30芽/丛、10 ～ 12丛/平方米
	千屈菜	16 ～ 25株/平方米
	泽泻	16 ～ 25株/平方米
	芦苇	16 ～ 20株/平方米
	花蔺	3 ～ 5芽/丛、20 ～ 25丛/平方米
	马蔺	5芽/丛、20 ～ 25丛/平方米
	野芋	16株/平方米
	紫杆芋	3 ～ 5芽/丛、4 ～ 9丛/平方米等
湿生植物	斑茅	20 ～ 30芽/丛、1丛/平方米
	蒲苇	20 ～ 30芽/丛、1丛/平方米
	砖子苗	3 ～ 5芽/丛、20 ～ 25丛/平方米
	红蓼	2 ～ 4株/平方米
	野荞麦	5 ～ 7芽/丛、6 ～ 10丛/平方米

以上植物的栽植密度，基本上还是比较合理的，但是，在植株的规格上面，有些偏大。一般丛生型挺水型的水生植物，其单丛控制在3 ～ 20株为好，莎草科、灯心草科的，5 ～ 20株左右，其余的2 ～ 5株左右，而体型较大的，如芡实、睡莲要每4 ～ 6平方米种植1株即可。

四、水生植物种植的水深度要求

水生植物除浮水植物外，对其影响最大的生态因子是水的深度，它直接影响到水生植物的生存。人们通常把植物在一定水深范围内能够正常生长发育和繁衍的生态学特性称为植物的水深适应性。

植物的水深适应性是常水位以下区域配置植物时的限制性因素。

以下按生活型分别将不同水生植物的水深适应性介绍如表5-5所示。

表5-5　不同水生植物的水深适应性

序号	类别	水深适应性
1	湿生植物	湿生植物严格意义上说是喜水，但植株根茎部及以上部分不宜长期浸泡在水中的植物。如野荞麦、斑茅、蒲苇、樱草类、玉簪类和落新妇类等，这些植物只能种植在常水位以上

序号	类别	水深适应性
2	挺水植物	挺水植物种类繁多，对水深的适应性一般而言和植株高度有一定关系。植株高大的适应水深能力强一点，反之，能力差一点。但一般来说水深不能大于60厘米。 （1）再力花、芦苇、芦竹、水葱、水蜡烛等高大植物的水深可以达到60厘米； （2）慈姑、海寿花、蘘草、水毛花、黄菖蒲、香蒲、花叶水葱、菰、石龙芮、千屈菜等植株中等偏大的植物在55厘米左右； （3）玉蝉花、泽泻、窄叶泽泻、花叶芦苇、花叶香蒲、荧蔺、蜘蛛兰、灯心草、香姑草、节节草、砖子苗、石菖蒲等适应的水深在10～30厘米不等； （4）荷花一般在80厘米左右，超过这个深度就难以正常开花甚至不能生存，但是也有些被称为深水荷花的品种达到1.5米甚至2米还能正常开花
3	浮叶植物	浮叶植物是指植株的根部生在水域的底泥中，其叶片浮于水面上。有些是靠叶柄的伸长，有的是依细长的茎来使叶片浮于水面上。这些植物的叶柄或茎和叶片海绵组织较为发达，贮存有大量的空气。浮叶植物对水深的适应性一般来说较挺水植物要好。 （1）睡莲，一般为0.8米，芡实的水深也可达1.5米，茶菱、荇菜也在1米左右，水罂粟的水深也在60厘米以上； （2）萍蓬草是一个非常奇特的植物，当水深超过1.2米时呈沉水植物状，其沉水叶呈皱折状、膜质无毛，与浮水叶叶面平展、纸质或革质、下面边缘密生柔毛可资区别； （3）菱也是一类很有趣的植物，作为浮叶植物其水深适应性可达3米，当植株长到一定程度时可以断根成为浮水植物，不受水深限制
4	浮水植物	浮水植物，整个植株漂浮在水面上，水的深浅不影响它的正常生长发育
5	沉水植物	沉水植物是指整个植株都在水面以下的植物。　沉水植物的水深适应性除植物本身的生态学特性外，还有非常重要的生态因子是光因子和水的能见度两个非生物因子影响。它们相互之间的关系是，水的能见度越好光照越强，沉水植物分布得越深，其原理是光的补偿点问题。一般而生长于水深5～6米处

第三节　水生植物的养护

一、水生植物的养护原则

水生植物的养护主要是水分管理，沉水、浮水、浮叶植物从起苗到种植过程都不能长时间离开水，尤其是炎热的夏天施工，苗木在运输过程中要做好降温保湿工作，确保植物体表湿润，做到先灌水，后种植。如不能及时灌水，则只能延期种植。挺水植物和湿生植物种植后要及时灌水，如水系不能及时灌水的，要经常浇水，使土壤水分保持过饱和状态。

水生植物种的养护必须掌握一些原则，使其生长良好。

（一）日照

大多数水生植物都需要充足的日照，尤其是生长期（即每年四至十月之间），如阳光照射不足，会发生徒长、叶小而薄、不开花等现象。

（二）用土

除了漂浮植物不需底土外，栽植其他种类的水生植物，需用田土、池塘烂泥等有机黏质土作为底土，在表层铺盖直径一至二公分的粗砂，可防止灌水或震动造成水混浊现象。

（三）施肥

以油粕、骨粉的玉肥作为基肥，约放四、五个玉肥于容器角落即可，水边植物不需基肥。追肥则以化学肥料代替有机肥，以避免污染水质，用量较一般植物稀薄十倍。

（四）水位

水生植物依生长习性不同，对水深的要求也不同。漂浮植物最简单，仅须足够的水深使其漂浮；沉水植物则水高必须超过植株，使茎叶自然伸展。水边植物则保持土壤湿润、稍呈积水状态。挺水植物因茎叶会挺出水面，须保持50～100厘米左右的水深。浮水植物较麻烦，水位高低须依茎梗长短调整，使叶浮于水面呈自然状态为佳。

（五）疏除

若同一水池中混合栽植各类水生植物，必须定时疏除繁殖快速的种类，以免覆满水面，影响睡莲或其他沉水植物的生长；浮水植物过大时，叶面互相遮盖时，也必须进行分株。

（六）换水

为避免蚊虫孳生或水质恶化，当用水发生混浊时，即必须换水，夏季则须增加换水次数。

二、水生植物的日常养护要点

当值绿化工每天应巡查一次水生植物，及时清除枯残枝叶及杂物。

（1）对于因病虫害等原因而造成整盆死亡的应将其空盆撤出。

（2）水生植物的施肥应在种植时或移入水池前10天施肥，施肥不应污染水池水质。

（3）养有观赏鱼的水池不允许喷对鱼类有害的农药，这类水池的水生植物有严重病虫害时应撤出后再喷药处理。

三、水生植物的冬季管理要点

（1）对于因不耐寒而干枯的水生植物，应在其冬季枯黄后将其泥上部分清除。

（2）对于多年生耐寒水生植物应在每年2月底新芽长出前将泥上部分剪除。

（3）盆栽水生植物可在冬季连盆拿出水面，并在开春前补施一次基肥，待其新叶长出后再移入水中。

四、常见水生植物的习性及养护

（一）黄花鸢尾

黄花鸢尾为多年生挺水型水生草本植物，高60～120厘米，花茎高于叶，花黄色，花茎8～12厘米，花期5～6月（见图5-2）。

图5-2　黄花鸢尾

适应性强，在15～35摄氏度温度下均能生长，10摄氏度以下时植株停止生长。耐寒，喜水湿，能在水畔和浅水中正常生长，也耐干燥，喜含石灰质弱碱性土壤。

生长期施肥3～4次，并注意清除杂草和枯黄叶。夏季高温，应经常向叶面喷水，增加空气湿度，使苗壮叶绿。

（二）睡莲

睡莲为多年生水生浮叶草本植物，叶片漂浮于水，长5～12厘米，宽3.5～9

厘米。睡莲的花色丰富有粉色、红色、黄色、白色、紫色等，花果期6～10月（见图5-3）。

图5-3　睡莲

睡莲喜强光，通风良好，所以睡莲在晚上花朵会闭合，到早上又会张开，长季节池水深度以不超过80厘米为宜。3～4月萌发长叶，5～8月陆续开花。

当叶片载浮于水面，以后不论何时都要保持一定的深度。时常注意水深，如见减少立即增加水量至一定的深度。管理中如看到黄色枯叶，应及时拿掉外，其他不需特别的照料。

（三）千屈菜

千屈菜为多年生湿生草本植物，高30～100厘米，花为紫色，花果期为6～9月（见图5-4）。

图5-4　千屈菜

喜温暖及光照充足，通风好的环境，喜水湿，我国南北各地均有野生，多生长在沼泽地、水旁湿地和河边、沟边。现各地广泛栽培。比较耐寒，在我国南北各地均可露地越冬。在浅水中栽培长势最好，也可旱地栽培。对土壤要求不严，在土质肥沃的塘泥基质中花艳，长势强壮。

生长期要及时拔除杂草，保持水面清洁。为增强通风剪除部分过密过弱枝，及时剪除开败的花穗，促进新花穗萌发。露地栽培不用保护可自然越冬。

（四）芦苇

芦苇为多年水生或湿生的高大禾草，生长在灌溉沟渠旁、河堤沼泽地等，世界各地均有生长（见图5-5）。

图5-5　芦苇

芦苇的植株高大，地下有发达的匍匐根状茎。茎秆直立，秆高1～3米，节下常生白粉，叶长15～45厘米，宽1～3.5厘米，圆锥花序分枝稠密，向斜伸展，花序长10～40厘米。花色为白绿色或褐色，花期为8～12月。

芦苇喜光，耐盐碱，耐酸。芦苇极易成活，地栽5年后，应重新分株繁殖。

（五）荷花

荷花为多年挺水植物，1～2米挺出水面，花生顶端，花色有白、粉、深红、淡紫色、黄色或间色等。花期6～9月，每日晨开暮闭。果熟期9～10月（见图5-6）。

荷花性喜相对稳定的平静浅水，湖沼、泽地、池塘是其适生地。

荷花喜肥，但施肥过多会烧苗，因而要薄肥勤施。荷花是长日照植物，栽培场地应有充足的光照。

图5-6　荷花

（六）菖蒲

菖蒲为多年水生草本植物，高50～120厘米或更长，全株具香气花期6～9月份（见图5-7）。

图5-7　菖蒲

菖蒲喜欢生长在池塘、湖泊岸边浅水区，沼泽地或泡子中。最适宜生长的温度20～25摄氏度，10摄氏度以下停止生长。冬季以地下茎潜入泥中越冬。菖蒲在生长季节的适应性较强，可进行粗放管理。在生长期内保持水位或潮湿。越冬前要清理地上部分的枯枝残叶。

（七）再力花

再力花为多年生挺水草本。叶卵状披针形，浅灰蓝色，边缘紫色，长50厘米，宽25厘米。复总状花序，花小，紫堇色。再力花株型美观洒脱，叶色翠绿可爱，是一种花叶俱佳的水生植物（见图5-8）。

图5-8　再力花

再力花以根茎分株繁殖，可丛植于角落，也可带状种植于水边。

再力花喜温暖水湿、阳光充足的气候环境，不耐寒，入冬后地上部分逐渐枯死。以根茎在泥中越冬。

（八）梭鱼草

梭鱼草为多年生挺水或湿生草本植物，株高80～150厘米，小花密集，达200朵以上，蓝紫色，花果期为5～10月（见图5-9）。

图5-9　梭鱼草

梭鱼草喜温、喜阳、喜肥、喜湿、怕风不耐寒，静水及水流缓慢的水域中均可生长，适温15～30摄氏度，越冬温度不宜低于5摄氏度，梭鱼草生长迅速，繁殖能力强，条件适宜的前提下，可在短时间内覆盖大片水域。

（九）水葱

水葱为莎草科多年生宿根挺水草本植物。株高1～2米，茎秆高大通直，很像食用的大葱，但不能食用。生长在湖边、水边、浅水塘、沼泽地或湿地草丛中。匍匐根状茎粗壮，具许多须根。秆高大，圆柱状，高1～2米，花果期6～9月。秆挺拔翠绿，成片栽植颇为壮观，也可丛植点缀于桥头、建筑旁（见图5-10）。

图5-10　水葱

水葱喜欢较干燥的空气环境，阴雨天过长，易受病菌侵染。喜欢冷凉气候，忌酷热，耐霜寒。与其他草花一样，对肥水要求较多，在施肥过后，晚上要保持叶片和花朵干燥。栽培管理粗放，入冬时需剪除地上部分的枯枝落叶。

（十）慈菇

慈菇为多年生草本植物，高50～100厘米。总状花序或圆锥形花序，花白色，10～11月结果（见图5-11）。

慈菇有很强的适应性，在陆地上各种水面的浅水区均能生长，但要求光照充足，气候温和、较背风的环境下生长，要求土壤肥沃，但土层不太深的黏土上生长。风、雨易造成叶茎析断，球茎生长受阻。

生长期应及时除草，并追肥2～3次，肥料要在露水干后施用，以免造成肥害。

图5-11　慈菇

（十一）王莲

王莲为一年生大型浮叶草本，王莲的花很大，单生，直径25～40厘米，花瓣数目很多，呈倒卵形，长10～22厘米，雄蕊多数，花丝扁平，王莲的花期为夏或秋季，傍晚伸出水面开放，花芳香，第一天白色，有白兰花香气，次日逐渐闭合，傍晚再次开放，花瓣变为淡红色至深红色，第3天闭合并沉入水中（见图5-12）。

图5-12　王莲

王莲施追肥1～2次，入秋后即应停止施肥。王莲喜光，栽培水面应有充足阳光。

（十二）花叶菖蒲

花叶菖蒲为常绿、多年生草本植物，根茎横走，外皮黄褐色，叶茎生，剑状线形,叶宽0.5厘米,长25～40厘米,叶片纵向近一半宽为金黄色,肉穗花序斜向上或近直立,花黄色。浆果长圆形红色。花期3～6月(见图5-13)。

图5-13 花叶菖蒲

花叶菖蒲分株繁殖。在春、秋两季进行,将植株挖起,剪除老根,2～3个芽为一丛,栽于盆内,或分栽于苗地中,保持土壤湿润。

(十三)花叶香蒲

花叶香蒲为多年生挺水草本植物。植株高80～120厘米。叶剑状、直立、墨绿、花黄色,花序棍棒状,粗壮,叶片带银白条纹。喜生于浅水中。特点:花美,剑状叶更美,是水生花卉中的娇子。花单生,雌雄同株,构成顶生的蜡烛状顶生花序,花期5～8月(见图5-14)。

图5-14 花叶香蒲

花叶香蒲喜生于浅水中。耐寒、喜光、喜温、怕风，适宜10～20厘米的浅水生长。特别在生长初期忌水位过高。叶色斑驳，丛植于河岸、桥头水际，观赏效果甚佳。

（十四）芡实

芡实为一年水生草本植物，直径65～130厘米，生于池沼湖泊中，背面紫红色，花单生，蓝紫色，花果期为6～10月。芡实初生叶沉水，箭形，后生叶浮于水面，叶柄长，圆柱形中空，表面生多数刺，叶片椭圆状肾形或圆状盾形，花单生，花梗粗长，多刺，伸出水面。芡实，叶大，浓绿皱褶，形状奇特，可丛植点缀水面（见图5-15）。也可与荷花、香蒲等植物配置水景（见图5-16）。

芡实喜温暖气候，喜光，耐寒。在水深80～120厘米处生长良好。

图5-15　芡实

图5-16　与荷花等植物配置水景

（十五）荇菜

荇菜为多年生浮叶草本水生植物，茎细长柔软而多分枝，匍匐生长，节上生根，漂浮于水面或生于泥土中，鲜黄色花朵挺出水面，花多花期长，荇菜一般干

3～5月返青，5～10月开花并结果，9～10月果实成熟（见图5-17）。

荇菜生于池沼、湖泊、沟渠、稻田、河流或河口的平稳水域。根和横走的根茎生长于底泥中，茎枝悬于水中，生出大量不定根，叶和花漂浮水面。喜光、耐寒、耐热、能自播繁衍。

荇菜管理较粗放，生长期要防治蚜虫。

图5-17　飘浮在水面上的荇菜